Jetzt mal Butter bei die

Tom Diesbrock hat sich selbst immer wieder beruflich neu orientiert und blickt auf eine kurvenreiche »Patchwork-Karriere« zurück: Angefangen mit einem Medizinstudium war er später Musiker und Redakteur, studierte dann Psychologie und wurde Psychotherapeut, Trainer und Teamentwickler. Heute arbeitet er in Hamburg als Coach und psychologischer Berater, vor allem mit Menschen, die sich beruflich verändern wollen – von der Ideenfindung bis zum Weg in den neuen Job oder zur Gründung des eigenen Unternehmens.

Tom Diesbrock hat bereits mehrere erfolgreiche Ratgeber geschrieben. Bei Campus erschien von ihm *Ihr Pferd ist tot? Steigen Sie ab! Wie Sie sich die innere Freiheit nehmen, beruflich umzusatteln.*

www.diesbrock.de
www.jetzt-mal-butter-bei-die-fische.de

Tom Diesbrock

Jetzt mal Butter bei die Fische!

Das Selbstcoachingprogramm für Ihre
berufliche Neuorientierung

Campus Verlag
Frankfurt/New York

Für die bessere Lesbarkeit verwende ich in diesem Buch nur die männliche Form, spreche damit aber selbstverständlich Leser jeden Geschlechts an.

ISBN 978-3-593-39570-8

Copyright © 2012 Campus Verlag GmbH, Frankfurt am Main.
Umschlaggestaltung: Guido Klütsch, Köln
Satz: Campus Verlag GmbH, Frankfurt am Main
Gesetzt aus: Minion Pro und TheSans
Druck und Bindung: Beltz Druckpartner, Hemsbach
Printed in Germany

Dieses Buch ist auch als E-Book erschienen.
www.campus.de

Inhalt

Und plötzlich weißt du:

Es ist Zeit, etwas Neues zu beginnen und

dem Zauber des Anfangs zu vertrauen

Meister Eckhart

Intro

»Jetzt mal Butter bei die Fische ...«

... sagen wir bei uns in Hamburg, wenn lange genug gegrübelt und geredet worden ist, wenn es höchste Zeit wird, Klartext zu sprechen, die Sache auf den Punkt zu bringen und vor allem: zu handeln!

Denken Sie schon länger darüber nach, frischen Wind in Ihr Berufsleben zu bringen? Und ist es bisher beim Grübeln geblieben? Dann geht es Ihnen wie vielen Menschen, die zu mir in meine Coachingpraxis kommen. Sie wollen etwas verändern, sich neu orientieren – aber sie wissen nicht, wie sie es anstellen sollen. Oder sie würden gern loslegen, aber etwas in ihnen steht auf der Bremse, und sie fühlen sich innerlich blockiert und festgefahren.

»Butter bei die Fische« heißt, dass Sie *jetzt* starten. Auch wenn Sie noch nicht wissen, wie die Alternative aussehen könnte. Auch wenn Sie zum Pessimismus neigen oder glauben, nicht kompetent genug zu sein. Auch wenn Sie kalte Füße haben.

Die Hauptsache ist, Sie machen sich auf den Weg! Besser, Sie fangen an, sich mit Ihren Wünschen und Möglichkeiten zu beschäftigen, als weiter zu grübeln, zu träumen und zu zweifeln. Vielleicht finden Sie am Ende nicht Ihren »Traumjob« oder Ihre »Berufung« – aber sehr wahrscheinlich eine gute Alternative zu dem Job, der nicht mehr zu Ihnen passt.

Dieser Weg ist sicher kein Spaziergang. Aber wenn Sie mögen, begleite ich Sie schrittweise bis zu der Entscheidung über Ihre berufliche Zukunft.

Tom Diesbrock

Kein ganz leichter Weg

»Wie war das denn damals bei Ihnen? Sie haben ja auch einiges auf dem Weg zu Ihrer heutigen Arbeit ausprobiert. Wie haben Sie denn den richtigen Job gefunden?« Diese Frage wird mir häufig von Klienten im Kennenlerngespräch gestellt.

Klar, es liegt nahe, von jemandem, der sich schon so lange professionell mit der beruflichen Neuorientierung beschäftigt, zu erwarten, selbst ein leuchtendes Beispiel zu sein. Ich würde Ihnen auch sehr gern erzählen, wie mir eines Tages die Erleuchtung kam und ich plötzlich wusste, wie das geht – wie man seinen Traumjob und seine Berufung findet. Und dann könnte ich Sie daran teilhaben lassen und Ihnen mit einem gütigen Lächeln versichern: »Machen Sie es einfach wie ich – dann wird alles gut!«.

Die Wahrheit ist aber: Sie sollten sich an meiner Vita besser *kein* Beispiel nehmen. Denn meine Berufsfindung war alles andere als zielgerichtet und an meinen Interessen und Neigungen orientiert. Nach Abi und Zivildienst fühlte ich mich ausgesprochen unerleuchtet in Bezug auf Leben und Arbeit. Ich wusste nicht, was ich wollte – und nahm mir weder die Zeit noch hatte ich den Mut, eine ehrliche Antwort zu finden. Lieber tat ich, was so viele in dieser Situation tun: Ich studierte etwas, das allgemein als »vernünftig« galt – bei mir war das nicht BWL oder Jura, sondern Medizin.

Die war nur – Überraschung! – überhaupt nicht mein Ding, und ich fand den Ausgang erst nach dem Physikum. Ich startete ein Popmusik-Projekt, kam damit auf keinen grünen Zweig, hatte dann verschiedene Jobs und blieb konsequent unzufrieden. Klassischer Spätzünder.

Dass ich heute den (für mich) besten aller möglichen Jobs habe, verdanke ich mehr oder weniger dem Zufall, und nicht einem Coach oder klugen Konzepten. Mir lief die Psychologie eines Tages über den Weg, und ich merkte erst langsam, dass mich die Sache wirklich interessierte. Bis ich mich später traute, mich von meinem ungeliebten Brot-und-Butter-Job zu lösen und in die Selbstständigkeit zu starten, vergingen weitere Jahre – und auch dieser Weg verlief eher in Schlangenlinien.

Ironischerweise – oder gerade deshalb – beschäftige ich mich heute hauptsächlich mit der beruflichen (Neu-)Orientierung. Zu mir kommen Menschen, die kleine oder große Veränderungen herbeisehnen, aber aus den verschiedensten Gründen damit nicht vorankommen. Oft fehlen ihnen klare Ziele, ein Bild ihrer Möglichkeiten und/oder der Mut, sich auf den Weg zu machen. Im Laufe der Jahre habe ich Methoden und Werkzeuge entwickelt oder mir zu eigen gemacht, mit denen die Suche nach dem richtigen Job etwas schneller, schmerzloser und gradliniger funktioniert als in meinem Lebenslauf.

Bevor Sie jetzt aber denken, ich könne Ihnen ein Patentrezept liefern, das Ihre berufliche Veränderung zur schnellen Nummer macht, muss ich Sie sofort enttäuschen: Ich kann und will keinem die Suche nach eigenen Antworten abnehmen! Ich glaube weder an den Erfolg von Berufsberatung (»Am besten machen Sie …«) noch an den Sinn von Potenzialanalysen (»Zu Ihnen passt …«). Dazu komme ich noch.

Ich habe die Erfahrung gemacht, dass es viel sinnvoller ist, Menschen zu ermutigen, konsequent und mit offenen Augen auf die Suche zu gehen. Das ist nur leichter gesagt als getan – denn dazu braucht es Überblick, Planung und vor allem auch das Know-how, mit den eigenen Ängsten und Widerständen konstruktiv umzugehen. Weil dies kein einfacher Weg ist, suchen sich viele Menschen heutzutage einen Coach.

Ein Buch zum Selbstcoaching

Kämen Sie zu mir in meine Praxis, würde ich Ihnen zuallererst erklären, dass nachhaltige berufliche Veränderungen immer Zeit und Engagement brauchen. Die Vorstellung, dass ein guter Coach Sie scannen und Ihnen dann sagen kann, für welche Jobs Sie sich am besten bewerben sollten, ist zwar angenehm – aber auch völlig unrealistisch! Und genauso wenig kann dies ein Ratgeberbuch leisten. Der leichtfüßige Spaziergang zu Traumjob und Berufung ist in meinen Augen eine (gern ge- und verkaufte) Illusion.

»Selbstcoaching-Programm« steht *nicht* auf dem Titelblatt, weil es so schick klingt. Mir ist es damit tatsächlich ernst. Und das bedeutet für Sie – genauso wie für meine Coachingklienten –, dass hier jede Menge Arbeit auf Sie zukommt!

Wenn Sie dieses Buch zur Hand genommen haben, weil Sie mithilfe ein paar flotter Übungen gesagt bekommen wollen, für welchen Job Sie sich in der nächsten Woche bewerben sollten, sind Sie hier definitiv an der falschen Adresse. Ich werde Sie auffordern, sich über mehrere Monate intensiv mit Ihren Wünschen, Interessen, Möglichkeiten und Zielen genauso zu beschäftigen wie mit Ängsten, inneren Bremsern und Widerständen. Sie werden hier *keine* schnellen Antworten bekommen.

Bei der Arbeit mit diesem Buch wird mehr von Ihnen verlangt, als einfach nur brav alle Übungen abzuarbeiten, damit Sie am Ende mit einer tollen Jobidee belohnt werden. Mir ist es viel wichtiger, Sie zu motivieren, über den Tellerrand zu schauen und an Möglichkeiten zu denken, an die Sie bisher nicht gedacht haben. Von Paul Watzlawick stammt der kluge Satz: »Wenn du immer tust, was du immer getan hast, wirst du immer bekommen, was du immer bekommen hast.« Wenn Sie bisher nicht herausbekommen haben, was Sie beruflich wollen, wird es Zeit, neue Wege zu gehen. Und die möchte ich Ihnen anbieten.

Ich habe dieses Buch für Menschen geschrieben, die herausfinden wollen, was sie beruflich in den nächsten zehn oder mehr Jahren tun wollen. Vielleicht wollen oder müssen Sie Kompromisse dabei eingehen – aber auch dann sollte es der bestmögliche Kompromiss sein. Ich wünsche Ihnen von Herzen, dass Sie großzügig mit sich sind und sich die Zeit nehmen, die Sie für Ihre Suche brauchen.

Was ich von Ihnen möchte, ist *Aufmerksamkeit*, *Engagement* und Ihre *Neugier*. Und ich wünsche mir von Ihnen etwas, das von mir jeder Coachingklient bekommt: Ich nehme seine Ideen und Wünsche hundertprozentig ernst. Ich möchte, dass *Sie* dies auch tun und Ihre Ideen und Wünsche hundertprozentig ernst nehmen – sie nicht klein reden, abtun und leugnen, weil sie vielleicht unbequem sind oder unerreichbar scheinen.

Wenn Sie die Mühe scheuen oder nur einen Job suchen, der Sie lediglich für eine Weile ein bisschen weniger unzufrieden macht als der jetzige, sollten Sie dieses Buch jetzt zuschlagen und bei eBay als neuwertig verkaufen. Und dies ist wirklich nicht als versteckte Motivation gemeint! Denn Sie werden höchstwahrscheinlich wenig erreichen, wenn Sie sich mit diesem Programm nur oberflächlich beschäftigen. Und wirklich blöd wäre es, wenn Sie dann daraus schließen würden, dass Ihnen »eben nicht zu helfen ist«. Denn das ist in jedem Fall Quatsch.

Sollten Sie jetzt unsicher sein – vielleicht weil Sie ja noch gar nicht wissen, was genau ich mit Ihnen vorhabe –, könnten wir auch einen Kompromiss vereinbaren: Sie lesen dieses Buch erst einmal ganz durch, ohne in die Arbeit damit einzusteigen. Und dann entscheiden Sie sich. Okay?

Darum geht's

Wenn Sie schon etwas geblättert und das Inhaltsverzeichnis studiert haben, ist Ihnen vielleicht aufgefallen, dass ich nicht gleich mit der Arbeit am neuen Job beginne. Erst einmal geht es vor allem um aktive Jobstrategien, Selbstcoaching, Selbst- und Projektmanagement. Erst im dritten Teil beginnt die eigentliche Neuorientierung.

Das mag Sie verwundern. Vielleicht haben Sie sich nach mehr oder weniger langer Zeit endlich entschieden, berufliche Veränderungen anzugehen – und jetzt sollen Sie sich mit Psychologie und Projektmanagement auseinandersetzen? Ist das wirklich notwendig?

Meine Antwort ist ein ganz klares Ja! Ich werde Ihnen später noch genauer erklären, warum in meinen Augen so vielen Menschen Bücher und Seminare zum Thema Berufsfindung so wenig weiter helfen – und warum ein Coaching oft erfolgreicher ist. Das hat vor allem mit Psychologie und Projektmanagement zu tun. Denn auch wenn wir uns Veränderungen noch so sehr wünschen – oft stehen uns Ängste und innere Widerstände im Weg.

Dazu kommt, dass die meisten Menschen viel zu planlos und unstrukturiert ans Werk gehen. Kein Wunder, wenn das schiefgeht oder im Sande verläuft.

Damit Sie verstehen, welches System diesem Selbstcoaching-Programm zugrunde liegt, möchte ich Ihnen hier ganz kurz erklären, wie wir vorgehen werden:

Im ersten Teil geht es um Karrierestrategien und Veränderungen in der Arbeitswelt. Ich möchte Ihnen zeigen, was von uns als arbeitenden Menschen heute gefragt ist, um erfolgreich zu sein. Der Blick in Stellenbörsen und die »richtige Bewerbung« reichen nämlich bei weitem nicht mehr aus. Ich werde Ihnen eine »aktive Karrierestrategie« ans Herz legen und Ihnen zeigen, welche Kompetenzen Sie dafür brauchen.

Im zweiten Teil dreht sich alles um das Thema Selbstcoaching. Ich erkläre Ihnen zuerst die »drei Dimensionen des Selbstcoachings« bei der beruflichen Neuorientierung, und dann erläutere ich Ihnen die fünf Schritte von Interessen und Neigungen bis zur beruflichen Entscheidung. Außerdem stelle ich Ihnen alle Werkzeuge vor, die Sie auf Ihrem Weg benötigen werden.

Im dritten Teil werde ich Sie dann Schritt für Schritt begleiten, wie ich es auch im Coaching mit meinen Klienten tue. Sie werden konkrete Aufgaben bekommen und alle Informationen, die Sie brauchen, um jeden Schritt erfolgreich abzuschließen. Und am Ende werden Sie entscheiden, wie es für Sie beruflich weitergeht.

Im Outro finden Sie eine Sammlung von Informationen und Hinweisen, die ich Ihnen mitgeben möchte für die Umsetzung – entweder für Jobsuche und Bewerbung oder auf dem Weg in die Selbstständigkeit.

Ihr Pferd ist tot? Steigen Sie ab!

So heißt ein Buch, das ich für Menschen geschrieben habe, die seit langem unzufrieden in Ihrem Job sind, aber sich nicht trauen, endlich eine Veränderung zu wagen. »Ein totes Pferd zu reiten« bedeutet für mich, an etwas Gewohntem festzuhalten, obwohl wir wissen, dass es nicht (mehr) zu uns passt und uns wahrscheinlich nur noch unglücklich macht. Ich beschäftige mich darin mit der Frage, warum wir uns so unproduktiv verhalten und zu welchen Methoden und Begründungen wir greifen, um uns einzureden, dass es gerade für uns keine Alternativen gibt und der tote Gaul das bestmögliche Reittier ist.

Vielleicht haben Sie *Ihr Pferd ist tot?* schon gelesen und es hat Sie motiviert, jetzt berufliches Neuland zu suchen? Wunderbar, dann können Sie dieses Buch als zweiten Teil ansehen – einiges, was Ihnen schon bekannt vorkommt, wird hier weiter entwickelt.

Wenn Sie das Buch nicht kennen, ist dies gar kein Problem. An einigen Stellen beziehe ich mich zwar darauf, aber nicht, ohne Ihnen den Kontext zu erklären. Und jetzt wissen Sie ja auch, was es mit den toten Pferden auf sich hat.

Teil 2: Coachen Sie sich selbst zum neuen Job!

Coaching und Selbstcoaching

Das Projekt Neuorientierung

Die Psychologie des Selbstmanagements

Die Werkzeuge des Selbstcoachings

Teil 1: Eine aktive Karrierestrategie

Reaktive Karrierestrategien

So nehmen Sie das Karrieresteuer selbst in die Hand

Teil 3: In fünf Schritten zur Entscheidung

Schritt 1: Wo stehen Sie heute – und
         wo wollen Sie hin?

Schritt 2: Die Landkarte Ihrer Neigungen
         und Interessen

Schritt 3: Die Landkarte Ihrer Jobideen

Schritt 4: Von der Jobidee zum Projekt

Schritt 5: Der Weg zur Entscheidung

Es ist soweit: Heute entscheiden Sie sich!

Outro

Was ich Ihnen mit auf den Weg
geben möchte

Teil 1
Eine aktive
Karrierestrategie

Kein Ponyhof

Was, Sie wollen einen sicheren Job aufgeben? Freiwillig? Sind Sie denn des Wahnsinns fette Beute? Und warum? Weil Sie unzufrieden sind? Weil Sie eine Tätigkeit wollen, die Ihnen sinnvoll erscheint? Oder gar Spaß macht? Ja, geht's denn noch?

Werfen Sie doch mal einen Blick in die Zeitung. Überall wird abgebaut und umstrukturiert. Sozialversicherte Vollzeitjobs werden kaum noch angeboten – nur noch Teilzeit- und befristete Verträge. Und ab 40 will einen doch sowieso keiner mehr. Wenn man nicht Anfang zwanzig ist, einen Eins-a-Abschluss hat, natürlich jede Menge Auslandserfahrung vorweisen kann und bereit ist, 80 Stunden in der Woche zu arbeiten, hat man doch heutzutage keine Chancen. Auf dem Arbeitsmarkt herrschen die Gesetze des Dschungels! Das Arbeitsleben ist nun mal kein Ponyhof – da muss man froh sein, wenn man einen sicheren Arbeitsplatz hat. »Neu orientieren« wollen Sie sich?!

Dass sich unsere Arbeitswelt in den letzten 20 Jahren stark verändert hat, ist keine sehr originelle Erkenntnis. Für geringer Qualifizierte sieht es immer weniger rosig aus. »Sicher« ist kaum noch ein Arbeitsplatz – nicht einmal mit dem guten, alten Job bei der Bank, den uns unsere Großeltern damals ans Herz gelegt haben, ist es heute noch weit her. Einige Trendforscher sehen den sozialversicherungspflichtigen, unbefristeten Vollzeitjob generell als Auslaufmodell. An seine Stelle treten Zeit- und Projektverträge, Teilzeit- und Leiharbeit, und immer mehr Tätigkeiten lässt man von Freiberuflern erledigen. Von der Zunahme der »prekären Arbeitsformen« ist seit einigen Jahren die Rede.

Job-Mikado ist auch keine Lösung

Kein Wunder, wenn viele Menschen Angst haben und Job-Mikado spielen: Nur nicht bewegen, alles lassen, wie es ist, sonst hat man verloren. Auch wenn man noch so unglücklich ist – lieber am aktuellen Arbeitgeber, an der Tätigkeit und der Branche festhalten. Koste es, was es wolle.

Auch wer nicht unbedingt Angst vor der Arbeitslosigkeit zu haben braucht, ist innerlich oft unfrei. Ich treffe viele Menschen, die nur im Sinn haben, dass ihr Lebenslauf lückenlos bleibt, Gehalt und Boni stetig steigen und der Titel auf ihrer Visitenkarte immer beeindruckender klingt. Wer sich bewegt, hat verloren.

Es gibt viele »gute Gründe«, alles so zu lassen, wie es ist, oder Veränderungen grundsätzlich so klein wie möglich zu gestalten. Nur zahlen wir dafür einen hohen Preis: Erst einmal leidet natürlich unsere Lebenszufriedenheit, klar. Und: Eine Strategie, die vordergründig auf maximale Sicherheit baut, kann im Endeffekt das genaue Gegenteil bewirken. Jemand, der nur tut, was alle tun, keine Risiken eingeht, nicht seinen Interessen folgt, sondern dem, was im Moment von ihm verlangt wird, entwickelt eines ganz sicher nicht: die Fähigkeit, sich in einer komplexen, sich schnell verändernden Welt zu orientieren und zu bewegen. Und die brauchen wir oft schneller, als uns lieb ist. Es ist ein Irrtum zu glauben, dass Loyalität und Konstanz heute noch belohnt werden. Die nächste Umstrukturierung und die nächste Krise kommen ganz bestimmt – und dann stehen nicht unbedingt die zuletzt auf der Straße, die sich immer brav an Sicherheit und Mainstream orientiert haben.

Ob es uns gefällt oder nicht: Schwimmen lernen ist heute die bessere Strategie, als sich mit ganzer Kraft am vermeintlich sicheren Beckenrand festzuhalten!

Angst ist ein mieser Motivator

Was hat das mit Ihnen zu tun? Sie wollen ja Veränderungen – sonst hätten Sie dieses Buch gar nicht in der Hand. Nur ist nicht jeder Veränderungswillige bereit, ins kalte Wasser zu steigen. In meine Coachingpraxis kommen viele Menschen, die zwar beruflich eine neue Richtung einschlagen wollen, aber gleichzeitig große Zweifel haben, ob das »richtig« ist. Ihnen erscheint es vernünftig, möglichst kleine Schritte zu tun und sich hauptsächlich daran zu orientieren, was sie am besten können und bisher gemacht haben – nicht an dem, was sie tun wollen.

In meinen Augen ist so ein Denken alles andere als vernünftig! Ja, ich finde es ausgesprochen irrational, weil dahinter vor allem Ängste stecken – und Ängste sind selten »vernünftig«, wenn es um komplexe Zusammenhänge geht. Ich nenne so eine Haltung eine »reaktive Karrierestrategie«. Und ich möchte Ihnen dazu im nächsten Kapitel etwas erzählen – natürlich mit dem Ziel, Ihnen anschließend die »aktive Karrierestrategie« schmackhaft zu machen.

Reaktive Karrierestrategien

Teil 1: Eine aktive Karrierestrategie

Reaktive Karrierestrategien

So nehmen Sie das Karrieresteuer selbst in die Hand

Auf einen Artikel über das Festhalten an toten Job-Pferden, den ich vor einer Weile für eine überregionale deutsche Zeitung geschrieben hatte, gab es auf deren Internetseite in kurzer Zeit weit über 200 Kommentare. Die große Mehrzahl hatte den empörten Grundtenor: »Man hat doch sowieso keine Chance. Es gibt keine guten Arbeitsplätze mehr. Die Arbeitsagentur und der Staat sollen gefälligst dafür sorgen, dass ich einen interessanten Job bekomme. Es ist alles Schuld der Arbeitgeber.« Und so weiter. Meine Aufforderung in dem Artikel, selbst für ein lebendigeres Job-Pferd zu sorgen, wurde mit heftigster Ablehnung bedacht.

Etwas überspitzt formuliert klang das in meinen Ohren so: » Ich bin eben ein Opfer der Bedingungen und kann sowieso nichts tun. Andere sollen dafür sorgen, dass es mir gut geht. Früher war es einfacher und besser – und so soll es gefälligst wieder werden.«

Verstehen Sie mich bitte nicht falsch: Mir ist sehr wohl bewusst, wie schwierig es oft ist, einen passenden, guten Job zu finden. Glück spielt dabei sicherlich keine kleine Rolle. Und gerecht geht es auf dem Arbeitsmarkt ganz bestimmt nicht zu.

Für mich ist dabei aber die zentrale Frage: Was kann *ich* tun, damit es mir gut geht? Auch wenn die Bedingungen schwierig sind – welche Handlungsmöglichkeiten habe ich? Und wie kann ich sie am besten nutzen?

Dahinter steckt eine Frage des Glaubens: Was glaube ich über mich und die Welt? Sehe ich mich als Opfer der Bedingungen und anderer Menschen? Oder verstehe ich mich als freies Individuum, das das Recht und die Möglichkeit hat, das Beste aus der Situation zu machen? Konzentriere ich mich zuerst auf meine Abhängigkeiten, oder suche ich erst einmal nach Möglichkeiten, Einfluss auszuüben?

Diese Fragen sind zentral, wenn es darum geht, sich beruflich neu zu orientieren. Aus der Wahrnehmungspsychologie wissen wir, dass *was* wir sehen ganz entscheidend davon anhängt, *wie* wir hinschauen. Oder anders formuliert: Ich muss erst einmal verstehen, durch was für eine Brille ich sehe, bevor ich Rückschlüsse auf die Welt dahinter ziehen kann. Und wir haben *immer* eine Brille auf der Nase!

Die Brillen von Komparsen und Regisseuren

Stark vereinfacht unterscheide ich zwischen zwei gegensätzlichen Haltungen: die des »Komparsen« und die des »Regisseurs«. Im Kern steht jeweils ein anderes Verständnis der eigenen Möglichkeiten und der Angebote der Welt.

Während der Komparse fest daran glaubt, dass grundsätzlich die Bedingungen und andere Menschen über sein Leben bestimmen, geht der Regisseur davon aus, dass er der Gestalter seines Lebens ist. Psychologisch steht dahinter die sogenannte »Selbstwirksamkeitserwartung«. Je mehr wir davon in uns haben, desto mehr übernehmen wir die Regie in unserem Leben.

Natürlich sind die allermeisten von uns nicht *nur* das eine oder andere. Wir haben aber eine mehr oder weniger starke Tendenz zur einen oder anderen Seite, die wiederum relativ unterschiedlich ausfallen kann – je nachdem, um welchen Lebensbereich es sich handelt. So haben Menschen beispielsweise bei freundschaftlichen Beziehungen das Ruder fest in der Hand – wenn es aber um Liebe und Partnerschaft geht, fühlen sie sich eher passiv und ausgeliefert.

Angewendet auf die Arbeitswelt, führen diese beiden Haltungen zu ganz unterschiedlichen Strategien: Je nachdem, ob ich eher zum Regisseur oder Komparsen neige, habe ich ein anderes Verständnis von der Arbeitswelt und welche Rolle ich darin spielen muss oder darf.

Als »Kind der *reaktiven* Strategie« bin ich davon überzeugt, dass andere mir »Arbeit geben« (oder eben nicht) und damit die Rahmenbedingungen und Spielregeln festlegen. Meine Rolle erfordert folglich, zu tun und zu liefern, was man von mir verlangt. Veränderungen betrachte ich dann tendenziell als gefährlich, weil ich etwas verlieren, man mir etwas wegnehmen könnte.

Blicke ich aber durch die Brille der *aktiven* Strategie, sieht die Arbeitswelt ganz anders aus: Ich bin Mitspieler und entscheide, was ich zu welchem Preis einbringen möchte. Meine Regeln bestimme erst einmal ich. Da ich ein lebendiges Wesen bin mit sich wandelnden Interessen, gehört für mich Veränderung zu meinem (Berufs-)Leben.

Bevor Sie weiterlesen

Bitte halten Sie doch kurz inne, und fragen Sie sich, zu welcher der beiden Seiten Sie bisher eher neigen. Auf welche Weise haben Sie Ihr Berufsleben bis heute gesehen und gesteuert? Liegt für Sie die Wahrheit eher in der Mitte, oder haben Sie eine Tendenz zur einen oder anderen Seite? Wenn Sie bisher eindeutig zur reaktiven Strategie neigen, möchte ich Ihnen ans Herz legen, in der nächsten Zeit darauf zu achten, wann Sie verstärkt durch die Brille des Komparsen sehen.

Früher war alles anders

Mit einer reaktiven Karrierestrategie ist heute kein Blumentopf mehr zu gewinnen. Aber vor nicht allzu langer Zeit war das noch ganz anders: Viele hundert Jahre war die Arbeitswelt sehr übersichtlich und verlässlich. Wenn damals Ihr Vater Bauer, Bäcker oder Schuster war, wurden Sie natürlich auch Bauer, Bäcker oder Schuster. Jemand aus einer Arbeiterfamilie wurde mit an Sicherheit grenzender Wahrscheinlichkeit Arbeiter. Alles war geregelt. Karriere? Aufstieg? Damit befassten sich nicht sehr viele Menschen. Und die Möglichkeit einer beruflichen Umorientierung, weil einen der Job nicht mehr erfüllte? Wäre wohl eine echte Lachnummer gewesen.

Reaktive Karrierestrategie

- Was kann ich? Das steht bei der Jobsuche im Mittelpunkt.
- Ich kann nur wenig, möglicherweise nur, was ich im jetzigen Job anwende.
- Wichtig ist, was andere von mir halten.
- Was ist auf dem Arbeitsmarkt gerade gefragt? Dort versuche ich, einen Platz zu finden.
- Ich realisiere nur definierte Karrierewege und Jobprofile.
- Ich verstehe mich als Arbeit-Nehmer.
- Arbeit ist ein knappes Gut.
- Solange es halbwegs okay ist, bleibe ich, wo ich bin.
- Ich gehe davon aus, dass ich meinen nächsten Job so lange mache wie irgend möglich.
- Ich tue alles, um einen unbefristeten Vollzeitjob zu bekommen.
- Ich muss es grundsätzlich meinen (potenziellen) Arbeitgebern Recht machen.
- Wahre Qualität wird irgendwann von allein erkannt.
- Ich suche nur in Stellenanzeigen und Jobbörsen und bewerbe mich darauf. Ich glaube, dass sich hier der Arbeitsmarkt abspielt – oder ich habe Angst, andere Wege zu gehen.
- Ein lückenloser Lebenslauf ist extrem wichtig.
- Ich streue möglichst viele, möglichst perfekte Bewerbungen, die dem Standard entsprechen.
- Experten sollen mir sagen, was ich kann und welcher Job zu mir passt.

Aktive Karrierestrategie

- Was will ich tun, und wo will ich hin? Danach suche ich.
- Ich habe viele Fähigkeiten und Talente – nur ein Teil davon hat mit meinem Job zu tun.
- Wichtig ist, ob ich mit mir im Reinen bin.
- Was möchte ich tun? Dafür suche ich den passenden Arbeitsplatz.
- Im Mittelpunkt stehen für mich Tätigkeiten und Themen.
- Ich bin mein eigener Karrieremanager.
- Ich kann immer arbeiten.
- Ich überprüfe immer wieder, ob mein Job noch stimmig ist.
- Was ich als Nächstes tun werde, wird nur eine Phase in meiner Laufbahn sein.
- Für mich kommen viele Jobmodelle in Frage, wenn ich dort tun kann, was ich möchte.
- Mein (potenzieller) Arbeitgeber ist mein Geschäftspartner auf gleicher Augenhöhe.
- Ich sorge dafür, dass meine Qualitäten gesehen werden.
- Wenn ich weiß, was ich tun will, suche ich möglichst breit. Ich suche den persönlichen Kontakt zu Unternehmen, Menschen und Märkten. Im Mittelpunkt stehen für mich Beziehungen und Netzwerke.
- Wichtig ist, dass »meine Story« und meine Motivation verstanden werden.
- Meine Bewerbung ist mein Portfolio, das von mir, meinen Zielen und Stärken berichtet.
- Ich kann nur selbst entscheiden, was ich beruflich tun möchte.

Schauen wir nur wenige Jahrzehnte zurück, sehen wir eine Arbeitswelt, die äußerlich einige Ähnlichkeit mit der Gegenwart hat. Sie drehte sich vor allem um den Aufstieg. Eltern wollten, dass ihre Kinder weiter kamen als sie selbst – sie sollten es einmal besser haben. Und besser hieß vor allem: ein Maximum an Sicherheit und ein stetig wachsendes Einkommen bis zur wohlverdienten Rente.

Dafür wurde eine Menge in die Ausbildung investiert. War der Vater noch Handwerker, sollte der Sohn möglichst einen Schreibtischjob bekommen in einem schönen, großen Unternehmen, das ihn dann eines fernen Tages mit einer Betriebsfeier und Lobreden in den Ruhestand entlassen würde. Dann hatte man etwas erreicht. Aufstieg fand in der Regel innerhalb des Unternehmens statt und hieß »Beförderung«. Bevor sich alles um Zielvereinbarungen und Tantiemen drehte, wurde man befördert, wenn man lange genug anständig seine Arbeit gemacht hatte. Drängeln gehörte sich dabei natürlich nicht. Wer ordentlich und fleißig war, wurde schon irgendwann vom gütigen Blick seines Chefs erfasst und ein wenig empor gehoben. Natürlich gab es zu jeder Zeit auch Menschen, die sich dem Mainstream widersetzten und taten, wonach ihnen der Sinn stand. Nur waren sie ganz bestimmt Ausnahmeerscheinungen. So etwas machte man früher nicht!

Diese Zeiten haben sich ein wenig geändert. Nur haben es viele noch gar nicht gemerkt. Oder wollen es nicht merken.

Wenn die Anstellung bei einer »guten Firma« einmal ein sicherer Hafen war, lag das auch daran, dass alle Beteiligten davon profitierten. Unternehmen und Märkte wandelten sich eher gemächlich – dazu passten eine Kultur, die auf Konstanz und Planbarkeit setzte, und der lebenslang beschäftigte Vollzeitarbeiter. Die Bindung für das ganze (Berufs-)Leben war im Interesse aller.

Der Bedarf an unserer Arbeitskraft sieht heute völlig anders aus: In vielen Bereichen braucht man schnell und flexibel einsetzbare Kräfte, die man auch möglichst flott wieder loswerden kann. Die logische Konsequenz sind befristete und projektgebundene Verträge, Leiharbeit, Outsourcing und Offshoring, Teilzeitjobs und ein wachsendes Heer von freiberuflich Arbeitenden.

Ob es uns gefällt oder nicht: In dieser Arbeitswelt taugt eine reaktive Karrierestrategie wie eine Postkutsche zu einem Formel-1-Rennen.

Noch ein Wort zu toten Pferden

Eine extreme Form der reaktiven Strategie ist das Reiten von toten Pferden – darüber habe ich ja schon viel geschrieben: Wenn meine Selbstwirksamkeitserwartung gering ist, ich also glaube, wenig für mein berufliches Glück tun zu können, wenn ich Angst vor Veränderungen und ein negatives Bild meiner Fähigkeiten und Optionen habe, halte ich reflexhaft an dem fest, was ich habe. Auch wenn ich in meiner Arbeit kaum Freude und Befriedigung finde, unternehme ich doch nichts, um etwas an meiner Situation zu ändern.

Wenn Menschen tote Job-Pferde reiten, liegt das fast nie an mangelnden Kompetenzen und Möglichkeiten, sondern an einschränkenden Glaubenssätzen wie: »Ich finde doch niemals einen Job. Ich bin viel zu alt. Ich kann doch eigentlich nichts richtig.« Obwohl sie, wenn man sie sich einmal genauer anschaut, ziemlich unsinnig sind, halten viele Menschen solche Sätze für unumstößliche Wahrheiten. Kein Wunder, wenn man dann lieber bleibt, wo man ist, und Job-Mikado spielt.

Außerdem löst die Vorstellung von Veränderungen und damit einhergehenden Risiken in den meisten von uns Angst aus. Das ist ganz normal. Und ein Weg, der Angst aus dem Weg zu gehen, ist deshalb die Nicht-Veränderung. »Schuster bleib bei deinen Leisten« ist dann *das* unumstößliche Gesetz der Karriereplanung. Da wir uns und anderen aber ungern eingestehen, dass wir kalte Füße haben, schieben wir andere, vermeintlich »vernünftige« Argumente vor. Reiter von toten Job-Pferden sind unglaublich kreativ darin, gute Gründe für ihr Nicht-Handeln zu finden!

Nur sind tote Pferde einfach keine guten Transportmittel.

Von Ratgebern und Potenzialanalysen

Als ich mein Abi in der Tasche hatte, kam ich in den Genuss einer Beratung in einem Berufsinformationszentrum des (damals noch) Arbeitsamts.

Nach einem kurzen Gespräch war mein Berater der Meinung, ich solle doch Medizin studieren. Schließlich hatte ich ihm erzählt, ich wolle »etwas mit Menschen machen«. Meine Familie fand die Idee auch super – Arzt zu sein galt damals noch als Traumberuf. Und da mir keine Alternative einfiel (weil ich nicht wirklich danach suchte), studierte ich eben fünf Semester Medizin. Dabei war mir vom ersten Tag an klar, dass dies überhaupt nicht mein Ding war. Aber ich hatte ja – wenn auch kleinlaut – »A« gesagt …

Dass Eltern und Lehrer in diesen Dingen nicht mehr den allerbesten Überblick haben, ist wohl inzwischen bekannt. Also müssen Berufs- und Karriereberater, Arbeits- und Trendforscher und Coaches her. Aus den Zeiten der überschaubaren, statischen Arbeitswelt stammt nämlich die Vorstellung, dass ein Experte am besten weiß, für welchen Job wir uns entscheiden sollten. Er kann unsere Fähigkeiten einschätzen und weiß, welche Tätigkeit dazu passt. Außerdem kennt er den Arbeitsmarkt, sämtliche Branchen und alle Jobprofile. Und natürlich kann er uns sagen, welche Jobs »krisensicher« sind.

Ich werde häufig von Menschen gefragt, was ich denn von ihren Fähigkeiten halte und was sie damit am besten anstellen sollten. »Ganz objektiv.« Dahinter steht oft der Verdacht, sie selbst würden sich viel zu positiv einschätzen. Wahrscheinlich würden mir die meisten glauben, wenn ich ihnen sagte: »Sie wollen den Job XY machen? Das können Sie vergessen! Mit Ihren Kompetenzen/Ihrem Alter/Ihrer Vita haben Sie auf dem Arbeitsmarkt keine Chancen.« Ja, das wäre dann bitter – aber immerhin gäbe es ihnen Orientierung.

Mein Tipp: Wenn Ihnen ein Mensch begegnet, der vorgibt, Sie »objektiv beurteilen« zu können – laufen Sie!

Denn unsere Welt ist einfach viel zu komplex, als dass ein Fachmensch auch nur ansatzweise den Überblick über *alle* Branchen und Tätigkeiten haben könnte. Und selbst wenn sich jemand in einem Bereich gut auskennt, ist jede Einschätzung immer auch eine Frage der Interpretation und der individuellen Haltung.

Auch Testverfahren halte ich für nur sehr bedingt aussagefähig. Klar, die Idee ist verlockend: Wir machen ein paar Tests, lassen uns vom Psychologen durchleuchten und bekommen dann den passenden Job ausgespuckt. Glauben Sie mir: Das funktioniert genauso wenig, wie Psychotests in Zeitschriften Ihre Persönlichkeit erfassen können!

Natürlich ist es sinnvoll, sich Feedback von anderen zu holen, um eine gute Selbsteinschätzung zu erreichen. Aber der beste Experte für Ihre Kompetenzen sind Sie selbst!

Außerdem halte ich die Logik »Wenn ich nur weiß, was ich besonders gut kann, führt das automatisch zu dem Job, der richtig für mich ist« für nicht gerade zielführend. Denn viele Menschen haben hohe Kompetenzen durch die Arbeit, der sie seit langer Zeit nachgehen – und die ihnen zum Hals heraushängt! Sich auf die Kompetenzen als entscheidendes Kriterium zu beziehen, ist recht sinnlos, weil wir dann immer wieder dort landen, wo wir gar nicht sein wollen.

Also: *Nur* durch die Brille der reaktiven Karrierestrategie gesehen ist es attraktiv, dass andere uns sagen können, was wir tun sollen.

Karriere-Zombies

Keiner hat den Überblick, und keiner weiß wirklich, wohin die Reise geht. Da ist es erstaunlich, dass viele Menschen eine so genaue Vorstellung davon haben, wie »man Karriere macht«.

Ich wundere mich immer wieder, in was für ein enges Korsett sich – auch viele jüngere – Menschen selbst pressen. Als sei es so selbstverständlich wie Zähneputzen: Man will natürlich »Karriere machen«, was gleichgesetzt wird mit einem hohen Anfangsgehalt in einem internationalen Konzern, mit Teamverantwortung und einem schnellen Aufstieg. Also muss die Abi-Note sehr gut sein, sonst war's das mit dem beruflichen Erfolg. Dann müssen ein Turbostudium und Praktika während der Semesterferien folgen, dazu Kontakte, Kontakte, Kontakte, Ausland, klar, und dann rauf auf die Karriereleiter. Alles steht und fällt mit den Noten und einem »lückenlosen CV«.

Mal ein bisschen das Leben genießen? Ein paar Monate reisen? Sich die Zeit nehmen, die man braucht, um sich über die eigenen großen und kleinen Ziele klar zu werden? Ausprobieren und sich ein wenig umschauen? (Das galt in meiner Jugend noch als völlig legitime Option.) Wenn ich solche

Möglichkeiten erwähne, schauen mich diese jungen Menschen oft an, als hätte ich ihnen ein unsittliches Angebot gemacht. Denn das hieße ja: eine »Lücke im Lebenslauf«! Und das erscheint vielen als das vorzeitige Ende aller beruflichen Träume.

Nicht wenige Menschen schaffen es, mit dieser Haltung auf der Karriereleiter schnell und weit voranzukommen. Andere stellen – gerade in Krisenzeiten – fest, dass diese stromlinienförmige Denke sie nicht so interessant macht, wie sie gedacht hatten. Denn wer sich ausschließlich darauf konzentriert hat, das Pflichtprogramm perfekt zu absolvieren, überzeugt nicht unbedingt in der B-Note. Die Karriereberaterin Svenja Hofert nennt diese Gattung »Karriere-Zombies«. Ich finde den Begriff hart, aber nicht unpassend, da bei solchen Turbokarrieren oft Entscheidendes auf der Strecke bleibt: Persönlichkeit, Individualität, Authentizität – und vor allem eine eigene Vorstellung vom Leben im Beruf.

Eine reaktive Karrierestrategie führt eben meist zu einer »Karriere von der Stange«. Wenn die Karriere nicht Ausdruck eines persönlichen Ziels oder von Interessen und Werten ist, wird sie schnell zum Selbstzweck. Auch wenn sie uns Ansehen, Geld und Sicherheit verschafft, ist die Sinnkrise vorprogrammiert.

So nehmen Sie das Karrieresteuer selbst in die Hand

Teil 1: Eine aktive Karrierestrategie

Reaktive Karrierestrategien

So nehmen Sie das Karrieresteuer selbst in die Hand

Ich habe Ihnen bisher hauptsächlich erklärt, wie es *nicht* mehr läuft in der Welt der Arbeit. Das wird nicht jeden von Ihnen in Euphorie versetzt haben. Kein Wunder: Wir fahren durch ein Terrain, das uns streckenweise ziemlich fremd erscheint, und die alten Straßenkarten taugen leider nichts mehr. Und es hat keinen Sinn, darauf zu hoffen, dass wir eines Tages von allein irgendwo herauskommen, wo wir uns wieder auskennen – und wo es dann ist, wie es früher einmal war.

Nein, wir brauchen neue Orientierungspunkte, die heute und möglichst morgen noch gültig sind. Wenn die Welt unüberschaubar komplex ist, sich die Regeln ständig ändern und uns keiner an die Hand nehmen kann, gibt es nur eine vernünftige Strategie:

Wir müssen – im positiven Sinn – egozentrischer werden!

Der Arbeitsmarkt ist nun mal eine Diva; heute will er uns so und morgen ganz anders oder gar nicht mehr. Heute findet er uns sexy, und morgen würdigt er uns keines Blickes mehr. Ihm hinterherzulaufen, geht nur auf Kosten unseres Selbstbewusstseins. Und eine Bitte-bitte-nimm-doch-mich-Haltung macht uns auch nicht gerade attraktiv … Hören wir also auf, es dieser Diva stets recht machen zu wollen. Es funktioniert ja sowieso nicht.

Mit »egozentrisch« meine ich Folgendes: Worauf wir uns verlassen können, sind unsere Interessen, Ziele und Stärken, unser Engagement und unsere Begeisterung. Es ist an uns, ein Angebot zu formulieren, hinter dem wir voll und ganz stehen. Und es ist ebenfalls unsere Sache, es dem (Arbeits-) Markt zu erklären und schmackhaft zu machen. Das erfordert eine Menge Mut und Aktivität – ohne dass uns jemand garantiert, auch in jedem Fall Abnehmer für unser Angebot zu finden. Ja, wir leben riskanter als die Arbeitnehmer zu Zeiten der lebenslangen Festanstellung.

Aber ich bin fest davon überzeugt, dass es keine bessere Alternative gibt! Und schließlich profitieren wir dabei: Indem wir uns auf uns selbst besinnen, machen wir uns unabhängiger und nehmen uns die Freiheit, unser Berufsleben so zu gestalten, wie wir es haben wollen und brauchen. Ich meine damit nicht, dass wir alle in ein paar Jahren als Freelancer und Ein-Mann-/Frau-Betrieb arbeiten werden; auch nicht, dass jedes Individuum es auf die gleiche Weise umsetzen sollte. Ich glaube aber, dass uns generell eine Haltung erfolgreich macht, die auf Selbstbestimmung, Kreativität und Freiheit baut.

Möglicherweise halten Sie dies für Blödsinn? Oder Sie finden meinen Ansatz im Grunde vernünftig – für andere Menschen und andere Berufe, aber nicht für Sie in Ihrer Situation? Weil das Leben nun einmal weder ein Wunschkonzert noch ein Ponyhof ist und Sie aus vielen Gründen gar nicht die Möglichkeit haben, viel Einfluss auf Ihre Karriere zu nehmen?

Denken Sie im Moment so oder ähnlich über Ihre Möglichkeiten? Dann möchte ich Sie bitten, *jetzt* zu notieren, was Ihnen dazu durch den Kopf geht:

Ich kann unmöglich ab sofort mein berufliches Schicksal selbst in die Hand nehmen, weil

_____

_____

_____

_____

_____

Ich weiß nicht, ob ich Sie in diesem Buch überzeugen werde. Aber ich möchte Sie bitten, trotzdem meine Vorschläge auszuprobieren. Vielleicht wird dies Ihr Denken stärker beeinflussen, als Sie es heute für möglich halten – so geht es nämlich vielen Menschen, die in meine Coachingpraxis kommen und anfangs kaum eine Chance für sich sehen.

Alles ganz easy?

Bestimmt nicht. Klar, es ist natürlich viel einfacher, ausgetretenen Karrierepfaden zu folgen und immer das zu nehmen, was man uns gerade bietet. Aber wollen Sie es wirklich nur *einfach* haben? Seine Karriere selbst in die Hand zu nehmen, bedeutet jede Menge Arbeit! Es ist nicht gemütlich, weil wir gezwungen werden, uns mit den Grenzen unserer Komfortzone auseinanderzusetzen. Und sie manchmal zu überschreiten. Es kommt einiges auf Sie zu:

Der Arbeitsmarkt ist viel größer als die Summe der Stellenangebote Der
Begriff »Arbeitsmarkt« löst bei den wenigsten freudige Erregung aus. Eher wird er assoziiert mit Mangel, Ungerechtigkeit und Ablehnung. Wie das Spielfeld der coolen und angesagten Kinder – auf dem *wir* leider schlechte Karten haben und höchstens am Rand stehen und zuschauen dürfen. Wer »dem Arbeitsmarkt wieder zur Verfügung steht«, ist arbeitslos und damit automatisch Bittsteller und eine arme Sau.

Also versuchen wir natürlich alles, um mit diesem Markt möglichst nichts zu tun zu haben. Und das bewegt leider viele Menschen dazu, sich beruflich gar nicht zu verändern und lieber in der Duldungsstarre zu verharren.

Dabei ist *der* Arbeitsmarkt einfach nur ein großer, kaum überschaubarer Marktplatz, auf dem ein ständiges Kommen und Gehen herrscht. Nur eine Minderheit hält sich hier länger auf. Haben wir am Anfang und Ende eine Jahres beispielsweise drei Millionen Arbeitslose, sind es nicht unbedingt dieselben Personen, die hier zwölf Monate auf dem Abstellgleis stehen.

Ein weit verbreiteter Irrglaube ist auch, dass sich der Arbeitsmarkt vor allem in Stellenanzeigen und Jobbörsen abbildet. Das war vielleicht einmal so – aber heute ist dies nur ein kleiner Ausschnitt, denn immer mehr Jobs werden auf anderen Wegen besetzt: durch Mitarbeiter aus anderen Abteilungen, über Empfehlungen, Netzwerke, persönliche Kontakte, Personalvermittler und Zeitarbeitsagenturen.

Viele Menschen glauben nämlich noch, dass der »normale Weg« zur neuen Beschäftigung über Stellenbörsen läuft. Das bedeutet für sie, dass es ausreicht, sich dort umzuschauen und sich ausschließlich auf dort ausgeschriebene Jobs zu bewerben – und damit viele gute Möglichkeiten ungenutzt zu lassen. Ich werde später noch darauf zurückkommen, wenn es darum geht, wie Sie an Ihren begehrten Job herankommen.

Ihr nächster Job wird wohl nicht Ihr letzter sein »Atypische Erwerbsformen« heißt im Beamtendeutsch alles, was nicht eine unbefristete Vollzeitstelle ist. Das klingt nach Ausnahme von der Regel und nicht gerade attraktiv. Wer will schon »atypisch« sein. Kein Wunder, wenn die meisten Menschen glauben, sie müssten unbedingt am klassischen Karrieremodell des lückenlosen, schrittweisen Aufstiegs in nur einer Richtung festhalten. Jede »Unterbrechung« wird dann als Unglück verstanden. Viele Menschen lehnen durchaus interessante Jobangebote ab, weil sie nicht in das eigene Karriereraster passen und deshalb das schöne Bild des stringenten Lebenslaufs verderben könnten.

Die Realität sieht aber schon heute ganz anders aus: Neben dem unbefristeten Fulltimejob arbeiten wir in Teilzeit, mit Zeit- oder Projektvertrag, als Leiharbeiter, selbstständig und als »feste Freie« – und zwischendurch nehmen wir uns Eltern- und Sabbatzeiten. Die Vorstellung, dass, wer einmal aus dem »normalen Beschäftigungsverhältnis« aussteigt, nie wieder eingestellt wird, ist inzwischen antiquiert. Ich bin mir sicher, dass wir in Zukunft ganz selbstverständlich zwischen den verschiedenen Formen der Arbeit und Nicht-Arbeit hin und her wechseln werden. Das »Atypische« wird der Normalfall, die lineare Karriere ist passé.

Warum ich das glaube? Weil wir alle davon profitieren: Weil es für Unternehmen günstig ist, sich kurzfristig die Arbeitsleistung einzukaufen, die gerade benötigt wird. Und weil es für uns Arbeitende anscheinend immer wichtiger wird, dass unsere Arbeit zu unseren Interessen und unserer aktuellen Lebenssituation passt. Wir bekommen Abwechslung und Flexibilität – und wir müssen lernen, auf Sicherheiten von außen zu verzichten und mehr Verantwortung zu übernehmen.

Sie sind Ihr eigener Karrieremanager Haben Sie kalte Füße bekommen? Glauben Sie, dass Sie für diese Arbeitswelt nicht gemacht sind? Dann geht es Ihnen wie vielen Menschen. Es ist ja auch kein Spaziergang, die Grenzen unserer Denk- und Handlungsgewohnheiten zu überschreiten und neue Haltungen und Wege auszuprobieren. Ich werde Sie in diesem Buch noch häufiger auffordern, über einen Ihrer Schatten zu springen – und das macht immer Angst.

Aber es gibt auch gutes Neuland zu gewinnen, wenn Sie sich trauen, Ihre Grenzen zu erweitern! Wie schon gesagt: Ich möchte Sie ermutigen, schwimmen zu lernen, anstatt sich am Beckenrand festzuhalten. In meiner Arbeit als Coach habe ich so oft erlebt, wie Menschen davon profitiert haben.

Sie glauben vielleicht, dass Sie schon zu alt für solche Veränderungen sind? Was Hänschen nicht lernt, lernt Hans nimmermehr? Das ist aus neurobiologischer Sicht nicht nötig – denn wir haben ein Gehirn, das zur lebenslangen Veränderung geschaffen ist. Sie sind also ganz bestimmt nicht zu alt. Und wie lange meinen Sie, in Ihrem Leben noch zu arbeiten? Zehn, zwanzig, dreißig Jahre? Lohnt es sich dafür nicht, die Weichen heute so zu stellen, dass es wirklich gute Berufsjahre werden?

Es wäre sehr schade, wenn Ihre Antwort darauf nur ein »Na, dann *muss* ich das eben machen« wäre – denn so blieben Sie in einer passiven, reaktiven Haltung. Ich würde mich freuen, wenn ich Sie dazu motivieren kann zu sagen: »Ich darf es jetzt auf meine Weise machen!«

Ich selbst arbeite seit vielen Jahren selbstständig – so, wie die meisten meiner Bekannten und Freunde. Für uns ist es ganz normal, unsere Krankenkasse selbst zu zahlen, für unsere Rente zu sorgen, Geld nur zu bekommen, wenn wir auch arbeiten – und dabei nie zu wissen, wie die Auftragslage in einigen Monaten oder Jahren sein wird. Andererseits bestimmen wir selbst, wie viel, wo, für wen und wann wir arbeiten, welche Aufträge wir annehmen und welche nicht. Und in welche Richtung wir unser Angebot entwickeln wollen. Keiner sagt mir, was ich zu tun habe – und keiner nimmt mir die Verantwortung ab.

Nicht für jeden Mensch ist das ein erstrebenswertes Modell, ich weiß. Und natürlich rate ich nicht generell jedem zu diesem Weg. Gegenüber jemandem, der bisher immer angestellt gearbeitet hat, haben wir Selbstständigen aber einen Vorteil: Wir wissen schon, wie es ist, uns in einer instabilen und komplexen Arbeitswelt zu bewegen und mit ihren Risiken umzugehen. Und wir haben gelernt, uns und unser Produkt zu verkaufen.

Und von dieser Haltung des Selbstständigen brauchen alle – auch Angestellte – heute und in Zukunft eine große Portion! Auch wenn es Ihnen auf den ersten Blick nicht behagt, es gilt, Ihre Selbstständigkeit zu entwickeln. Die Alternative wäre nämlich, bei einer reaktiven Strategie und der Haltung eines Komparsen zu bleiben und damit andere über unser Schicksal entscheiden zu lassen und uns immer mehr an den Rand des Geschehens drängen zu lassen. Es wäre toll, wenn Sie sagen können: Ich bin mein eigener Karrieremanager!

Dafür ist es gut, wenn Sie

- eine Vorstellung davon haben, wie Ihre »Berufs- und Lebensziele« aussehen, auf welches (Arbeits-)Leben Sie im Alter zurückblicken möchten, wenn Sie eines Tages sagen wollen: »Es war sehr gut!«
- herausfinden, welche Tätigkeit heute sowohl zu Ihren langfristigen Zielen als auch zu Ihrer jetzigen Situation passt.
- wissen, wie Ihr Kompetenzprofil aussieht und welche Fähigkeiten Sie für Ihre kurz- und langfristigen Ziele erlernen wollen und müssen.
- stets den Überblick behalten über den Stand Ihrer Karriere und die Situation des Umfeldes, des Unternehmens, der Branche, der Konkurrenz und so weiter – und dass Sie prüfen: »Wie *will* ich darauf reagieren? Wie *will* ich handeln?«
- sich auf einer Augenhöhe mit (potenziellen) Arbeitgebern und Kunden verstehen.
- sich anderen gegenüber vertreten wie Ihr »eigener Agent«.
- Wandel und Flexibilität in Ihr Denken einbeziehen.

- Ihr eigener Coach sind. Was das konkret bedeutet, werde ich Ihnen im nächsten Teil des Buches erklären.

Sie sind Ihr eigener Jobscout »Will mich denn überhaupt jemand? Was habe ich denn schon zu bieten? Wo könnte ich noch eine Chance haben?« Würden Sie jemanden mit dieser Haltung einstellen? Wahrscheinlich nicht. Denn Passivität und ein negatives Selbstbild sind einfach unsexy. Stellen Sie sich vor, Sie wollten ein Auto verkaufen: Würden Sie nicht mit seinen Stärken und Vorteilen argumentieren und dem potenziellen Käufer seinen ganz persönlichen Nutzen vor Augen führen? Klar. Und nur wer davon überzeugt ist, ein wirklich gutes Produkt im Angebot zu haben, wird dafür Interesse wecken können. (Es sei denn, man will etwas offenkundig Minderwertiges, wie einen abgelaufenen Joghurt, verramschen – dann muss man einfach nur sehr billig sein. Aber wer will schon als »Ramsch« gelten und sich billiger verkaufen als die Mitbewerber?)

Wir müssen also ehrlich überzeugt von uns und unserem Angebot sein, um attraktiv zu wirken. Logisch. Um das zu erreichen, können wir unsere Kernkompetenzen in den Mittelpunkt stellen. Wenn ich weiß, dass ich etwas sehr gut kann, fällt es leicht, dies anderen anzubieten. Allerdings sind dies oft Fähigkeiten, die ich in einem Job über die Jahre perfektioniert habe, mit dem ich heute nichts mehr zu tun haben will. So mag ich ein richtig guter Controller sein und dafür auch jede Menge Jobangebote bekommen – aber wenn ich es satt habe, mit Zahlen zu operieren, macht es wenig Sinn, weiter auf dieses Pferd zu setzen.

Bleibt uns ein anderes Pferd: nämlich das unserer Begeisterung und Liebe für eine Sache. Wenn wir von einer Idee begeistert sind und nichts lieber täten, als sie zu unserem Broterwerb zu machen, und wenn wir von ihrem Wert zutiefst überzeugt sind, werden wir immer überzeugend wirken. Wenn jemand für seine Sache brennt und mit funkelnden Augen davon spricht, wird er ganz sicher andere für sich einnehmen. Begeisterung schafft Rückenwind und macht sexy!

Dafür muss ich nicht das Rad neu erfunden haben oder singen können wie Pavarotti – dies gilt ebenso für unsere etwas kleineren Jobideen, wenn wir wirklich dahinterstehen. Ob wir darin dann auch gut sind, ist natürlich noch nicht gesagt. Aber: Kompetenzen können wir uns aneignen – Begeisterung nicht.

Aus diesem Grund finde ich es für eine aktive Karrierestrategie am wichtigsten, sich erst einmal auf Interessen, Träume, Vorlieben, Wünsche und Ideen zu konzentrieren als auf Kompetenzen und Erfahrung. Anstatt zu schauen, wohin jemand mit seinen Fähigkeiten passt, ermutige ich Menschen lieber, erst einmal »einen attraktiven Job zu stricken« und dann zu überlegen, wo und wie er den am besten finden oder schaffen kann.

Wie schon gesagt: Mich überzeugen Strategien nicht, die vor allem die Kernkompetenzen eines Menschen herausarbeiten wollen – und ihn damit entlassen. Zu Recht fragt der sich dann: »Was soll ich jetzt damit anstellen?« Mit einer attraktiven Jobidee im Kopf wird er wissen, was zu tun ist.

Sie sind Ihr eigener Agent und Lobbyist Okay. Haben wir eine Entscheidung für den Job unserer Zukunft getroffen? Dann müssen wir ihn »nur« noch finden, ihn erobern oder schaffen. Also los geht's: Wir scannen regelmäßig Stellenbörsen und die Karriereseiten von für uns interessanten Unternehmen. Wir schreiben Bewerbungen, wenn es passt. Vielleicht schalten wir auch einen Headhunter ein. Für viele Menschen ist hier schon Schluss. Und viele klagen darüber, dass es nicht klappt mit dem schönen, neuen Job – weil sie ihn nirgendwo finden oder nicht einmal eingeladen werden, wenn sie sich bewerben.

Sehen wir der Wahrheit ins Auge: Vor zwanzig Jahren mögen diese Aktivitäten ausreichend gewesen sein; heute reichen sie definitiv nicht mehr aus! Denn immer mehr Jobs – vor allem die spannenden – werden betriebsintern oder über Empfehlungen und Bekanntschaften besetzt. Je qualifizierter man für einen Job sein muss, desto seltener taucht ein solcher in Stellenanzeigen auf. Würde ein Konzern für einen neuen Geschäftsführer etwa eine Anzeige aufgeben? Höchstwahrscheinlich nicht. Dafür gibt es Headhunter – oder man nutzt dafür seine Netzwerke und Verbindungen.

Wenn Sie einen neuen Zahnarzt brauchen, schauen Sie doch auch nicht in die gelben Seiten, oder? Dazu ist das Thema für die meisten viel zu sensibel (jedenfalls für Zahnarzt-Paniker wie mich). Nein, wir fragen im Bekanntenkreis nach und lassen uns Empfehlungen geben, wir wollen so viele Informationen wie möglich bekommen: Ist er qualifiziert? Und ist er auch nett? Hat er Erfahrungen, oder kommt er frisch von der Uni?

So ähnlich läuft es heute auch in der Arbeitswelt: Ein Abteilungsleiter muss eine Stelle neu besetzen. Möglicherweise wird das von der Personalabteilung übernommen und geht seinen konventionellen Weg. Oder aber er hört sich bei Kollegen in anderen Abteilungen und Unternehmen und bei den eigenen Mitarbeitern um, da er ihnen vertraut und sie wissen, was für die Stelle gebraucht wird. Dann wird die Personalabteilung vielleicht pro forma eingeschaltet und der Job sogar ausgeschrieben – aber informell ist die Sache schon längst klar.

Die drei wichtigsten Faktoren bei der Jobsuche sind: Kontakte, Kontakte und Kontakte! Wir brauchen ein möglichst großes und buntes Netzwerk, auf das wir dafür zurückgreifen können. Natürlich sollten wir es uns nicht erst aufbauen, wenn wir schon mit der Jobsuche beginnen. Weil wir heute davon ausgehen können, dass der nächste Jobwechsel ganz bestimmt kommen wird, gehören Kontaktaufbau und -pflege einfach dazu. In unser Netzwerk gehören Kollegen aus allen Abteilungen unserer Firma und anderer (auch konkurrierender!) Unternehmen, Leute von Kundenseite und alle möglichen Anbieter, Zulieferer, Freelancer und Größen der Branche.

So haben wir immer den Finger im Wind, bekommen mit, was sich tut, wohin Entwicklungen gehen und welche Umbrüche bevorstehen. Und natürlich gilt auch umgekehrt, dass man uns und unsere Fähigkeiten kennt. Ohne ein Netzwerk sind wir ziemlich einsam in der Arbeitswelt.

Eine aktive Karrierestrategie bedeutet auch, den Kontakt zu Menschen und Unternehmen zu suchen, die für unseren nächsten Job wichtig sind – sogar wenn wir dort nicht bekannt sind. Damit meine ich *nicht* eine Initiativbewerbung! Sondern die Bereitschaft, aktiv auf andere zuzugehen. Ja, zum Telefonhörer zu greifen und Frau X in Firma Y anzurufen, weil sie sich genau mit dem Thema befasst, das mich brennend interessiert. Denken Sie, dass man das doch unmöglich machen könne? Doch. Kann man. Auch wenn sich viele Menschen schon bei dem Gedanken gruseln. Ich komme später noch einmal darauf zurück.

Und schließlich möchte ich hier noch ein weiteres »heikles« Thema ansprechen: unser Selbstmarketing. Wäre es nicht großartig, wir hätten einen Agenten? Jemanden, der uns und unsere Stärken kennt und damit für uns die Werbetrommel bei potenziellen Arbeitgebern rührt? Der es versteht, das ganz Besondere an uns zu erkennen und perfekt zu vermitteln?

Sie ahnen es schon: *Das* müssen wir heutzutage auch selbst erledigen. Früher, als Karrieren noch einem Standardplan folgten und man seinem Profil treu blieb, war die Selbstdarstellung noch nicht so wichtig. Heute ist sie ein zentraler Erfolgsfaktor. Es reicht nicht mehr, »richtige« Bewerbungen zu verschicken und darauf zu hoffen, dass man unser Talent und unsere Eignung schon erkennen wird. Klappern gehörte schon immer zum Handwerk, und heute auch zur beruflichen Neuorientierung. Ob es uns Spaß macht oder nicht – es ist heute beispielsweise eine Selbstverständlichkeit, sich in Assessment-Centern darzustellen und den Mitbewerbern gegenüber durchsetzen zu müssen.

Das bedeutet nicht, dass wir uns total verstellen und uns wie Marktschreier anpreisen müssen. Es geht nicht darum, sich eine Hoppla-hier-komm-ich-Haltung anzutrainieren und notfalls über Leichen zu gehen. Nein, wir dürfen und wir sollten darauf achten, authentisch zu bleiben. Aber es ist auch unser Job, unsere Stärken, das Einzigartige an uns und unsere Ziele professionell und mit Elan zu vermitteln. Auch dazu später mehr.

Lassen Sie sich nicht verbiegen!

Jetzt haben Sie einen Eindruck bekommen, was ich unter einer aktiven Karrierestrategie verstehe. Von uns werden soziale Kompetenzen und ein hohes Maß an Selbstmanagement verlangt, wo es früher reichte, einfach seinen Job gut zu machen. Dem einen liegt dies mehr, dem anderen weniger. Vielen Menschen macht die Vorstellung Angst, das Steuer in die Hand zu nehmen und selbst zu entscheiden, wohin die Karrierereise gehen soll.

Mir geht es hier nicht darum, Ihnen eine Strategie zu verkaufen, die Sie eins zu eins umsetzen müssen. Das wäre nicht gerade aktiv und selbstbestimmt. Ich möchte Sie vielmehr dazu ermutigen, über Ihren Weg nachzudenken und Ihre Ziele und Wünsche in den Mittelpunkt Ihres beruflichen Denkens zu rücken. Wie viel Sie davon umsetzen und wie Sie vorgehen wollen, liegt bei Ihnen.

Wichtig ist mir, dass Sie sich nicht an Karriereregeln halten, die schon lange nicht mehr gelten, und sich nicht an angeblichen »Wahrheiten der Arbeitswelt« orientieren, die Sie nur behindern und entmutigen. Wenn wir uns unserer Sache nicht sicher sind, ist es keine kluge Strategie, hauptsächlich nach Verboten und Einschränkungen zu suchen – nach dem Motto: »Erst einmal schauen, was alles nicht geht und sein darf; ich tue dann, was übrig bleibt.«

Besser, wir suchen nach offenen Wegen und nutzen die Chancen, die uns begegnen. Ja, wir sollten bereit sein, zu lernen und manchmal auch Grenzen zu überschreiten. Ängste sollten uns nicht steuern – aber wir dürfen uns auch nicht verbiegen. Erweitern Sie Ihre Komfortzone, aber verlangen Sie nicht von sich, was Sie nicht leisten können. Springen Sie über Ihren Schatten, aber nicht über die Klinge. Trauen Sie sich was. Finden Sie Ihren Weg. Wenn Sie 55 sind, werden Sie vielleicht kleinere Schritte machen wollen als ein 25-Jähriger. Aber ganz sicher sind Sie nicht zu alt, um sich zu bewegen.

Ach ja: die Supermarktkassiererin ...

möchte ich noch erwähnen. Wenn ich darüber spreche und schreibe, dass wir unsere Chancen kennen und nutzen sollten, begegnet mir manchmal der Einwand, das sei ja alles gut und schön, aber »jemand wie eine Kassiererin im Supermarkt« hätte doch wohl keine Chancen, sich beruflich zu verändern.

So eine Haltung ärgert mich. Die Jungen, Coolen, Flexiblen und supergut Ausgebildeten können alles wollen und tun – der Rest soll gefälligst bleiben, wo er ist?

Okay, würde mich die Kassiererin fragen, ob ich meinte, sie solle sich spontan als Wirtschaftsjuristin bewerben – ich würde ihr wohl abraten. *Aber*: Ich würde ihr ganz sicher auch nicht sagen »Schuster, bleib bei deinen Leisten, und Sie bleiben besser auch, wo Sie sind!«

Ich sehe es eher so: Wenn wir bisher nur den Job A im Unternehmen XY gemacht haben, haben wir ganz bestimmt einige Kompetenzen, die über unsere konkrete Tätigkeit hinausgehen – durch Hobbys, Interessen oder einfach Talent. Womöglich sind wir also für einen Job geeignet, dessen Anforderungsprofil mehr oder weniger vom jetzigen abweicht.

Und natürlich können wir uns auch fortbilden, über unseren Arbeitgeber, die Arbeitsagentur – und darüber hinaus durch Eigeninitiative, kleine Praktika, vielleicht VHS-Kurse. So werden mittelfristig Jobs für uns in Frage kommen, die noch etwas weiter über unseren Job A hinausgehen.

Oder vielleicht haben wir eine ganz andere Arbeit im Sinn, die im Moment noch gar nicht in Reichweite ist? Dafür muss vielleicht ein Geldpolster angespart werden, auf den Auszug der Kinder gewartet werden oder Job A auf Teilzeit laufen, bis wir damit loslegen können. Eine Selbstständigkeit, eine Ausbildung, das Abitur oder gar ein Studium? Auch wenn so etwas auf den ersten Blick ziemlich groß und weit weg erscheint – manche Menschen gehen solche Wege!

Und warum sollte die Kassiererin auf ewig Kassiererin bleiben?

Teil 2
Coachen Sie sich selbst zum neuen Job!

Coaching und Selbstcoaching

Melanie, 34, Schifffahrtskauffrau

»Dass ich meinen damaligen Job auf keinen Fall mehr bis zur Rente machen wollte, war mir eigentlich schon länger klar. Anfangs hatte ich nur gegrübelt und geträumt – aber wirklich zu kündigen, freiwillig, und dann etwas ganz anderes zu tun? Das traute ich mir nicht zu. Dann habe ich wohl so ungefähr jedes Buch gelesen, das den Weg zum Traumjob beschrieb. Ich habe brav alle Übungen gemacht und fühlte mich am Ende so schlau wie vorher. Hilfreich war ein Seminar: Dort habe ich zum ersten Mal über echte Jobalternativen nachgedacht. Aber umgesetzt habe ich auch davon nichts. Ganz schön frustrierend!«

Wahrscheinlich ist das auch Ihr Wunsch: Endlich Veränderungen! Frischen Wind fürs (Berufs-)Leben. Was jetzt unbefriedigend ist, soll auf irgendeine Weise besser sein – ein bisschen besser oder am liebsten viel besser und ganz anders? Warum ist es aber nur so verdammt schwer? Warum reiten wir freiwillig tote Job-Pferde und werden nur immer unzufriedener? Warum ist es so schwierig herauszufinden, welcher Job am besten zu uns passt und was wir am liebsten tun würden? Und wenn wir wissen, was wir wollen: Warum tun wir es dann nicht? Warum fällt es uns oft so schwer, uns zu verändern?

Solange wir eine Karriere Schritt für Schritt verfolgen, ist die Orientierung keine große Sache. Wir brauchen nur der Spur der Brotkrumen folgen, die sich am *Mehr* orientieren: mehr Verantwortung, mehr Kompetenz, mehr Gehalt, mehr Menschen führen, tollerer Titel, vom Junior zum Senior, Business-Class-Tickets und größerer Dienstwagen, größeres Büro ... Wenn wir auf dem Kurs unserer bisherigen Karriere bleiben, liegen die Meilensteine wie Punkte auf einer Geraden. Und wenn ich A, B, C und D hinter mich gebracht habe, ist es kein großes Rätsel, wo ich am besten nach E suche.

Aber da Sie dieses Buch in der Hand haben, überlegen Sie wohl, aus Ihrer bisherigen Karrierelogik auszusteigen? Wenn Sie sich neu orientieren wollen, kann E an allen möglichen Orten liegen – nur eben wahrscheinlich nicht auf Ihrer »Karriere-Geraden«. Kein Wunder, dass der notwendige Such- und Veränderungsprozess ungleich komplexer und nicht mehr so eindimensional ist.

Trotzdem treffe ich nicht selten Menschen, die zwar beruflich etwas ganz anderes machen wollen, aber anscheinend völlig überrascht sind, weil es nicht so schnell und einfach geht wie ihre bisherigen Karriereentscheidungen – die auf der Geraden lagen. Wer bisher mit Zielstrebigkeit und Effizienz flott vorankam, wundert sich jetzt, dass die vertrauten und bewährten Methoden offenbar nicht mehr greifen. Kein Wunder, wenn so mancher deshalb glaubt, dass sein Wunsch nach Veränderung wohl nicht allzu groß sein kann – oder er das Talent für Neues einfach nicht hat. Wer bisher ausschließlich mit Nägeln gearbeitet hat und nur das Hämmern kennt, ist natürlich ziemlich hilflos, wenn er plötzlich mit Schrauben zu tun hat.

Gerade in Menschen, die beruflich etabliert sind und schon einiges erreicht haben, wächst irgendwann der Wunsch nach qualitativen Veränderungen. Die wichtigen Fragen lauten dann: Was erscheint mir für mich persönlich sinnvoll zu sein? Was will ich vom Leben und von meinem Beruf? Welche Tätigkeit entspricht mir wirklich? Es ist sehr menschlich, solche Fragen erst einmal zu ignorieren, wenn sie leise in unser Leben treten. Schließlich stellen sie bisherige Gewissheiten und Pläne in Frage, und das ist immer unbequem. Aber mit der Zeit wächst der Veränderungsdruck. Wie zwei Erdplatten, die aneinander drücken und immer mehr Spannung aufbauen. Je länger dies dauert, desto stärker ist das Beben, das eines Tages stattfinden muss. Und je länger wir die Zeichen und unseren Wunsch nach nachhaltiger Veränderung nicht wahrhaben wollen, desto stärker wird es irgendwann rumpeln und uns und unser Leben durcheinander bringen.

Natürlich wollen Menschen in dieser Krise möglichst schnell wieder festen Boden unter den Füßen haben. Vielleicht versuchen sie noch eine Weile, dies mit den alten Werkzeugen zu schaffen: Effizienz, Geschwindigkeit, Druck und Landkarten, die ihre Gültigkeit schon lange verloren haben. So werden noch einige Schrauben mit dem Hammer bearbeitet, bis man einsieht, dass diese Lösung nicht mehr taugt. Es müssen neue Lösungen her, neue Landkarten und neue Werkzeuge.

Vielen ist die Frage nach den eigenen Wünschen und Zielen ziemlich fremd, denn sie haben sie sich bisher kaum ernsthaft gestellt. Der innere Kompass ist dann eingerostet. Andere haben durchaus Vorstellungen von einem anderen Berufsleben – aber keine Ahnung, wie sie sie verwirklichen können. Oder sie fragen sich, ob es überhaupt okay ist, sein eigenes Ding durchzuziehen. Alles ziemlich unbequem. Kein Wunder, wenn mit den neuen Ideen und nun eingestandenen Bedürfnissen auch innere Widerstände auf den Plan treten, die sich früher höchstens einmal leise geäußert haben – und plötzlich mit lauter Stimme Beachtung fordern! Sie stellen unsere Kompetenz in Frage, sind pessimistisch, kritisch und voller Angst. Anstatt elegant in neue berufliche Sphären aufzusteigen, fühlen wir uns hundert Kilo schwerer und innerlich blockiert.

Das Alte geht nicht mehr. Und das Neue? Keine Ahnung.

Von Büchern, Seminaren und guten Ratschlägen

Wo suchen wir nach Hilfe und Auswegen aus diesem Schlamassel? Die meisten Menschen greifen erst einmal zu Ratgebern in Buchform. Beliebt sind auch – oft als zweite Instanz – Berufsfindungsseminare. Und natürlich bekommt man darüber hinaus jede Menge guter Ratschläge von allen möglichen Leuten. So mancher findet auf diese Weise gute Antworten und einen neuen Job. In meine Coachingpraxis kommen allerdings viele Leute, die schon alles Mögliche gelesen und ausprobiert haben – und trotzdem noch mehr oder weniger auf der Stelle treten. Erst in der gemeinsamen Arbeit finden sie Antworten und Wege, die sie zufriedenstellen und zum neuen Job bringen. Weil ich so ein toller Coach bin? Bestimmt nicht – aber dazu komme ich gleich noch.

Warum funktionieren Bücher und Seminare für viele Menschen so wenig? Einmal liegt es in meinen Augen daran, dass viele der vermittelten Anregungen und Vorschläge viel zu pauschal sind. Wenn dabei am Ende Erkenntnisse herauskommen wie »Ich bin ein Verkäufer-Typ«, »Meine fünf Kernstärken sind ...« oder »Mit meinen Kompetenzen sollte ich etwas Soziales machen«, dann ist es in meinen Augen kein Wunder, dass damit kaum einer etwas anfangen kann. Anstatt Ideen aus uns selbst heraus zu entwickeln, bekommen wir »Lösungen« von der Stange.

Aber natürlich gibt es auch Bücher und Seminare, die sehr gute Werkzeuge vermitteln. Wenn sie uns nicht weiterbringen, liegt das bestimmt nicht an deren Inhalten – sondern eher an uns und wie wir Informationen verarbeiten. Was uns vermittelt wird, ist oft klug und richtig. Viele Anleitungen, die uns Schritt für Schritt durch einen beruflichen Suchprozess leiten, können gute Ergebnisse erzielen und uns zu einem Job bringen, der zu uns passt – *wenn* wir ihnen bis zum Ende folgen und jeden Schritt auch wirklich gehen.

Allerdings tun das viele Menschen nicht. Intellektuell sind sie durchaus in der Lage, gute und richtige Konzepte und Ratschläge zu erkennen. Sie wissen, dass sie davon profitieren würden. Und sie sind auch entschieden, den Weg auf jeden Fall bis zum Ende zu gehen, bis sie den richtigen Job für sich gefunden haben. Nur: Sie tun es dann doch nicht! Ratgeber werden nur quergelesen oder bis zur Hälfte durchgearbeitet. Oder die Ergebnisse werden schließlich doch nicht umgesetzt. Oder man ist nach einem Seminarwochenende höchst motiviert und voller Optimismus – aber am Dienstag bröckelt es schon, und nach einer Woche ist der Prozess zum Stillstand gekommen.

Schade ist es dann nicht nur um das Geld und die Zeit. Es ist vor allem schlimm, wenn wir uns anschließend auch noch schuldig fühlen, weil wir denken: »Schließlich hatte ich es doch kapiert und für gut befunden – dann muss es doch *meine* Schuld sein, wenn ich trotzdem untätig bleibe und es nicht hinbekomme.« Das erhöht den inneren Druck und den Stress und lässt unseren Tunnelblick nur noch enger werden – und bringt uns keinen Millimeter weiter. Und manche Menschen stellen dann resigniert fest »Dann will ich es anscheinend gar nicht wirklich.«

Dabei liegt es ganz bestimmt nicht daran, dass wir zu blöd oder unwillig sind! Und ein Unzufriedener ersehnt fast immer Veränderungen. Der Fehler liegt im System. Denn es reicht nicht, uns einfach nur mit den richtigen Informationen zu füttern. Sonst würde die Erkenntnis, dass Rauchen schädlich ist und Zucker nicht gerade gesund, uns ja sofort zu Abstinenzlern machen. Tut's aber nur sehr selten.

Warum ist das so? Warum machen wir nicht einfach, was gut für uns wäre? Warum schießen wir uns so oft lieber selbst ins Knie, anstatt alles dafür zu tun, das Rennen zu gewinnen?

Zwei Seelen in einer Brust

Stellen Sie sich vor, Sie haben den ganzen Tag noch nichts gegessen. Sie haben einen Riesenhunger. Wenn alles in Ihnen nach Essen giert und Sie sagen »Ich habe Hunger!«, werden Sie es bestimmt auch hundertprozentig meinen. Jetzt stellen Sie sich vor, Sie wären mit Ihrer Figur unzufrieden und meinten, ganz dringend ein paar Kilo abnehmen zu müssen. Dann würden Sie wahrscheinlich so etwas sagen und denken wie: »Ich habe Hunger – aber ich sollte höchstens einen Apfel essen.«

Im ersten Fall scheint das Ich eine Einheit zu sein; im zweiten ist es geteilt zwischen zwei Meinungen, Impulsen und Wünschen. Es wohnen dann – wie Goethe seinen Faust sagen lässt – »zwei Seelen ach! in meiner Brust«. Eine will unbedingt lustvoll schlemmen – die andere ist kreuzunglücklich mit den Rundungen um die Hüfte. Und ich hänge irgendwie dazwischen, neige mal mehr zur einen, dann wieder zur anderen Seite und fühle mich vor allem blockiert.

So etwas passiert uns ja nicht gerade selten. Wir stecken mental ständig zwischen – mindestens – zwei gegensätzlichen Positionen fest. Manchmal sind wir derart blockiert, dass wir uns nicht von der Stelle rühren. Als ob ein

Teil von uns das Gaspedal und ein anderer die Bremse drückt. Dann geht nichts mehr – wir verbrauchen aber trotzdem jede Menge Energie.

Wenn wir uns mit den Möglichkeiten beruflicher Veränderung beschäftigen, zieht höchstwahrscheinlich unsere innere Welt *nicht* an einem Strang. Schließlich geht es um unser Wohlergehen, unsere Sicherheit und Zukunft! Ein Teil von uns möchte Veränderung, mehr Freude und Erfüllung und vielleicht auch Herausforderung und Abenteuer – ein anderer hat Angst vor Scheitern und Überforderung und sucht vor allem Sicherheit und Kontinuität.

- »Ich würde lieber heute als morgen kündigen – *aber* ich kann ja auch nicht arbeitslos werden.«
- »Ich kann mir gut vorstellen, noch einmal zu studieren – *aber* das ist natürlich nur so eine Träumerei.«
- »Ich könnte mich selbstständig machen – *aber* dazu bin ich viel zu undiszipliniert.«

Ich bin mir sicher, dass Sie dieses Buch nicht in der Hand hielten, wenn es nicht auch in Ihrem Herzen so ein inneres Hü und Hott gäbe.

Was bieten nun fast alle Bücher und Seminare dem blockierten Möchtegern-Neuorientierer an? Viele gute Argumente, Werkzeuge und Pläne, die alle in Richtung Veränderung weisen. Ganz selbstverständlich gehen sie davon aus, dass der beruflich unzufriedene Mensch ihr Angebot dankbar entgegennimmt und umsetzt, weil es schließlich richtig und vernünftig ist. Manchen charismatischen Experten gelingt es auch, Leser und Zuhörer mitzureißen und für das eigene Veränderungsprojekt zu begeistern, gern mit der Botschaft »Ich habe es geschafft – dann kannst du es auch schaffen!« Tschaka.

Die Sache hat nur einen gewaltigen Haken: Diese Bücher und Seminare richten sich fast ausschließlich an die eine Seele in uns, die für Entwicklung und Veränderung brennt. Unsere andere, ängstliche Seele, der gar nicht nach Abenteuern zumute ist, wird mehr oder weniger ignoriert. Kein Wunder, wenn wir sehr gern dabei mitspielen – denn wir beschäftigen uns nun mal viel lieber mit unseren Sonnenseiten voller Mut, Kreativität und Spielfreude!

Deren innere Gegenspieler mögen wir weniger, und meistens ignorieren wir sie, solange es irgendwie geht.

Also starten wir mit Enthusiasmus mal wieder ein neues Veränderungsprogramm. Hauptsache, es verspricht ganz neue Methoden und einen garantierten Erfolg. »Mit diesem Buch, in jenem Workshop finden auch Sie ganz bestimmt Ihren Traumberuf!« Unsere inneren Bremser, Angsthasen und Widersacher schieben wir dafür nur zu gern beiseite. Auf Dauer lassen die es sich aber nicht gefallen. Spätestens, wenn es irgendwann um die Umsetzung konkreter Schritte geht, schauen sie plötzlich wieder um die Ecke und mischen sich ein. So eine Überraschung! Dann scheint uns der eben noch zum Greifen nah scheinende Traumjob wieder sehr weit weg. Die Partystimmung ist vorbei, und wir fühlen uns blockiert wie eh und je.

Das ist in meinen Augen der Hauptgrund dafür, dass so viele Bücher und Workshops am Ende nicht viel bewirken. Sie sind logisch – aber viel zu wenig psycho-logisch, weil sie nicht oder viel zu wenig auf unsere innere Konfliktlandschaft eingehen.

Nicht zu blöd – einfach nur blockiert

Ralf, 35 Jahre, selbstständiger Versicherungsmakler
»Eigentlich hätte ich nach dem Abi am liebsten Theaterwissenschaften studiert. Mein allergrößter Traum war damals, eines Tages als Regisseur zu arbeiten. Aber für meine Eltern kam diese Idee nicht in Frage – alles, was mit Kunst und Kreativität zusammenhing, war für sie brotlos und höchstens ein Hobby. Sie rieten mir sehr dringend, eine Ausbildung zum Versicherungskaufmann zu machen und dann die Agentur meines Vaters zu übernehmen. Ich gab schließlich nach, nahm mir aber fest vor, mich nach der Ausbildung neu zu entscheiden und eventuell doch noch zu studieren. Natürlich kam es anders: Ich lernte meine Frau kennen, und wir bekamen schneller als geplant unsere Tochter.

Seit über zehn Jahren arbeite ich jetzt allein als Makler. Das Geschäft läuft nicht schlecht, aber gern habe ich diesen Job nie gemacht. Eigentlich liegt es mir überhaupt nicht, Menschen etwas zu verkaufen, was sie höchstens teil-

weise brauchen. Vor fünf Jahren fing ich schon an, nach neuen Möglichkeiten zu suchen. Der Theatertraum ist wohl inzwischen ausgeträumt. Aber was sind echte Alternativen? Ich habe bestimmt schon zehn Neuorientierungsbücher gelesen und an mehreren Workshops teilgenommen. Manchmal dachte ich, auf dem richtigen Weg zu sein, mir kamen einige gute Ideen. Aber dann ließ ich sie doch im Sande verlaufen und setzte nichts um. Warum? Vielleicht bin ich zu undiszipliniert? Oder will ich es gar nicht wirklich? Ich habe keine Ahnung.«

Wie Ralf haben die meisten beruflich unzufriedenen Menschen, die in meine Praxis kommen, eine Erklärung parat, warum ihnen der Umstieg noch nicht gelungen ist:

- *»Wahrscheinlich gibt es für mich keine realistische Alternative.«*
- *»Ich weiß überhaupt nicht, was ich will.«*
- *»Vielleicht will ich in Wirklichkeit gar keine Veränderung.«*
- *»Ich kann ja doch nur das, was ich seit Ewigkeiten tue.«*
- *»Am Ende bin ich eben doch immer viel zu feige.«*
- *»Ich habe viel zu viele Ideen und kann mich nicht für eine entscheiden.«*
- *»Mit dem, was mich interessiert, kann man ja kein Geld verdienen.«*

Kein Wunder, wenn sie ziemlich resigniert sind und glauben, dass es für sie wohl kein Happy End geben wird. Die meisten Menschen reagieren spontan sehr erleichtert, wenn ich ihnen sage, dass ich sie vor allem für mental blockiert halte – und dass das ganz normal ist und es nichts über reale Fähigkeiten und Möglichkeiten aussagt, wenn sie in einer Sackgasse stecken und keine Auswege sehen. Fragt sich dann nur: »Und wie kriege ich die Blockade weg?« oder »Wie bringe ich meine ängstlichen inneren Bremser endlich zum Schweigen?«.

Wie coacht der Coach?

Was macht ein Coach, um Menschen dabei zu helfen, den für sie richtigen Job zu finden? Was weiß der Coach, was Bücher und Seminare nicht vermitteln? Ganz sicher hat er auch keine Wundermittel und kein geheimes Wissen. Er kennt keine Werkzeuge, von denen man nicht auch in Büchern liest. Und er hat ganz sicher auch keinen Röntgenblick, mit dem er die Menschen nach ihren Fähigkeiten, Wünschen und Defiziten durchleuchten kann.

Natürlich kennt er sich ganz gut aus in der Arbeitswelt und weiß einiges über die Gesetze, Systeme und das soziale Mit- und Gegeneinander. Aber das ist in meinen Augen nicht das Entscheidende. Viel wichtiger ist: Der Coach hält sich mit Ratschlägen erst einmal zurück. Er sagt seinem Klienten nicht, was der am besten tun oder lassen sollte, und verzichtet darauf, Fähigkeiten und Chancen zu bewerten.

Als Ralf, der Versicherungsmakler, zu mir kam und meinte, dass er immer noch gern Theaterwissenschaften studieren würde, habe ich nicht gesagt »Damit haben Sie aber am Arbeitsmarkt doch keine Chancen.«, »In Ihrem Alter ist das aber riskant.« oder »Wie wollen Sie das denn mit der Verantwortung für Ihre Familie zusammenbringen?«. Solche Sätze hatte Ralf ohnehin schon von vielen Leuten gehört. Ich bin aber auch nicht sofort in Begeisterung ausgebrochen und habe ihm geraten, er müsse unbedingt diesen Traumjob in die Tat umsetzen, weil dies ganz sicher seine Berufung sei, die ihn glücklich machen würde bis zum Ende seiner Tage.

Manche Ratgeber geben gern konkrete Tipps wie »Werden Sie doch Eventmanager« oder »Sie wären doch bestimmt ein guter Journalist« – so, wie mein Berufsberater damals meinte, in mir würde ganz sicher ein Arzt stecken (der steckt dann immer noch sehr, sehr tief). Der Coach fragt lieber: »Was wollen Sie denn am liebsten tun? Was brauchen Sie, um das zu erreichen, und was steht Ihnen im Weg?« Als Coach werde ich nicht dafür bezahlt, sofort zu allem meinen Senf dazuzugeben – auch wenn es viele Leute gern hätten. Viel wichtiger finde ich, erst einmal alles ernst zu nehmen, was mir jemand sowohl über seine Wünsche und Träume als auch über Ängste und Widerstände sagt. Denn viele Menschen nehmen ihre Wünsche selbst am wenigsten ernst.

In erster Linie bin ich als Coach ein Prozessbegleiter und -berater. Wenn jemand blockiert ist, nicht weiß, was er will, und sich vor allem darauf fokussiert, was *nicht* geht, braucht er zuerst ein Bild von allen inneren und äußeren Faktoren seiner Situation. Er muss lernen, zwischen echten Bedürfnissen und Zielen und vermeintlichen Forderungen seiner Umwelt an ihn zu unterscheiden. Er muss verstehen, welche Ängste ihn blockieren – und welche Glaubenssätze er bisher für bare Münze hält. Dann kann er lernen, sie von realen Beschränkungen zu unterscheiden:

»In meinem Alter kann man doch nichts Neues mehr beginnen«, ist ganz sicher ein Glaubenssatz, denn er kommt sehr pauschal daher. »Wenn ich mit 35 beginne, Theaterwissenschaften zu studieren, mache ich mir besser sehr genaue Gedanken, was ich damit tun möchte«, ist deutlich differenzierter und klingt schon eher nach einer vernünftigen Einschätzung.

Als Ralf seine innere Komplexität zum Thema »neuer Job« verstanden hatte, konnte ich ihm helfen, konstruktiv damit umzugehen und wieder handlungsfähig zu werden. Besonders wichtig war dabei, seine Ängste anzuerkennen und sie aktiv in den Neuorientierungsprozess einzubeziehen. Denn *entgegen* einer Angst, die wir nicht ernst nehmen (weil sie doch so irrational ist), werden wir kaum berufliches Neuland erreichen!

Neben diesem psychologischen Know-how vermittelt der Coach Werkzeuge, die dabei helfen, überhaupt Jobideen zu finden, konkrete Jobprojekte zu entwickeln und in die Tat umzusetzen – und den gewünschten Job möglichst auch zu bekommen. Und mit der Hilfe von Zeitplänen und To-do-Listen gibt er dem Prozess Struktur und dem Klienten Halt.

Auch wenn es platt und etwas abgegriffen klingt: Der Ansatz des Coaches muss immer ganzheitlich sein, weil er den veränderungswilligen Menschen mit all seinen rationalen und irrationalen, erwachsenen und kindlichen Seiten sieht und in den Prozess einbezieht. Dieser Weg ist natürlich komplizierter, als Menschen nur dazu aufzufordern, an ihren Traumjob zu glauben, und ausschließlich seine veränderungsbereiten Seiten anzusprechen. Er ist aber auch meistens erfolgreicher.

Und jetzt?

Also, (berufliche) Veränderungen sind nicht leicht zu haben. Das wussten Sie ja wahrscheinlich schon. Auch, dass unser inneres Hü und Hott die Sache nicht gerade leichter macht. Gehören alle Neuorientierer folglich zum Coach oder gar auf die Couch, weil man es allein sowieso nicht hinbekommt?

Nein! Die meisten von Ihnen können und werden es auch ohne professionelle Unterstützung schaffen. Was Sie dafür aber brauchen, ist das Wissen, wie Veränderungsprozesse funktionieren – und das gehört leider nicht zu unserer Allgemeinbildung. Zwar akzeptieren wir, dass ständige Fortbildung im Job eine Selbstverständlichkeit ist, und wir arbeiten brav eine Gebrauchsanweisung von etlichen hundert Seiten für ein neues Smartphone durch. Und zum Thema »Change Management« kann wohl jede Führungskraft etwas von sich geben. Aber wie wir es hinbekommen, unser eigenes (Berufs-)Leben in andere Bahnen zu lenken, wissen die meisten von uns nicht.

Das möchte ich in den folgenden Kapiteln ändern. Schritt für Schritt werde ich Sie jetzt durch ein Programm begleiten, das Ihnen die Werkzeuge und das Know-how zum Selbstcoaching vermittelt. Zuerst wird es darum gehen, wie wir den Weg zum neuen Job am klügsten strukturieren und welche Aspekte wir dabei unbedingt berücksichtigen müssen. Weil ein gutes Selbstmanagement für diesen Prozess sehr wichtig ist, werde ich ausführlich darauf eingehen, bevor wir zu den praktischen Werkzeugen des Selbstcoachings kommen.

Damit werden Sie sehr gut vorbereitet sein auf die darauffolgenden fünf Schritte bis zur Entscheidung im dritten Teil des Buches.

Das Projekt Neuorientierung

Lassen Sie uns über einen gedanklichen Schlenker in das Thema einsteigen:

Stellen wir uns vor, wir würden ein größeres Unternehmen leiten, das Haushaltsgeräte produziert. Die Geschäfte laufen gut, aber wir brauchen ein ganz neues Produkt, das uns von der Konkurrenz abhebt und neue Kundenkreise erschließt. Wie würden wir vorgehen? Wir müssten die große Aufgabe so strukturieren und auf unsere Mitarbeiter verteilen, dass in einem überschaubaren Zeitraum auf möglichst effiziente Weise ein tolles neues Gerät entstehen kann. Wir würden also ein Projekt dafür ins Leben rufen.

Kämen wir auf die Idee,

- den Mitarbeitern so viel Zeit dafür zu geben, wie sie meinen zu brauchen?
- kein Datum festzulegen, an dem das Produkt fertig sein soll?
- jeden Mitarbeiter selbst entscheiden zu lassen, wann, wo, wie und was er tut?
- die ganze Sache ausschließlich der Entwicklungsabteilung zu überlassen?
- nichts zu dokumentieren oder zu zeichnen, sondern nur gedanklich zu arbeiten?
- auf Zwischenschritte und Meilensteine zu verzichten?
- sich nicht darum zu kümmern, wie die Menschen miteinander arbeiten und klar kommen?

Das wäre wohl ziemlich absurd, denn so viel Anarchie würde kaum funktionieren. Man muss kein Prophet sein, um sich auszurechnen, wie groß das Durch- und Gegeneinander wäre. Und mit hoher Wahrscheinlichkeit bekämen wir niemals das Produkt, das wir uns wünschen. Blöde Idee, oder?

Was wäre ein klügeres Vorgehen? Wir würden Strukturen schaffen, die genug Freiräume für kreatives Denken und Arbeiten geben, aber auch ausreichend Kontrolle und Planung beinhalten, sodass wir immer im Blick haben, ob die Richtung stimmt, und auf Fehlentwicklungen schnell aufmerksam werden. Und natürlich würden wir uns darum kümmern, dass Zusammenarbeit und Kommunikation gut funktionieren.

Wir könnten eine einfache Arbeitsteilung einrichten, indem wir Prozesse und Teams in drei Arbeitsbereiche aufteilten:

1. Ein Team würde sich um die Produktentwicklung kümmern.
2. Eine Planungsabteilung wäre für Zeit- und Aufgabenpläne zuständig und würde darüber wachen, dass sie entweder eingehalten oder angepasst werden.
3. Die Personalabteilung würde sich um alle »menschlichen Belange« und die reibungslose Teamarbeit kümmern.

Auf diese Weise stünden die Chancen gut, dass unser Projekt ein Erfolg wird.

Die drei Dimensionen der Neuorientierung

Haben Sie schon eine Ahnung, worauf ich hinaus will? Die Suche nach beruflichem Neuland ist ein genauso komplexes Entwicklungsprojekt. Wollen wir endlich mal über unseren mentalen Tellerrand schauen und auf andere Jobideen kommen als die, auf denen wir schon seit ewiger Zeit angestrengt herumdenken? Dann brauchen wir Mut, Neugier, Kreativität und Zeit. Und genauso wie das fiktive Unternehmensprojekt braucht unseres Strukturen und Pläne.

Denken Sie jetzt »Ist doch ganz logisch und total banal«? Na ja. Viele Menschen, die zu mir kommen, weil sie allein ihre Neuorientierung nicht hinbekommen,

- haben sich bisher überhaupt keine Gedanken gemacht, wann sie eine Entscheidung treffen wollen, und haben keinen Zeitplan.
- machen mal dieses, dann jenes, ohne einen Plan, wie sie am besten vorgehen wollen.
- haben keine Ahnung, welche Struktur mit welchen Schritten ihr Projekt haben soll.
- meinen, alles im Kopf erledigen zu können, schreiben nichts auf und visualisieren nichts.
- sind mental blockiert, deprimiert und mutlos – kümmern sich aber nicht darum.

Derart unorganisiert schauen sie in Stellenbörsen, finden dort nichts, was sie interessiert, stellen fest, dass sie etwas ganz anderes als bisher machen wollen, träumen ein bisschen, denken einige interessante Ideen, finden dann alles unrealistisch und sich selbst viel zu inkompetent, sprechen mit Freunden über ihre Wünsche, klagen über den schrecklichen derzeitigen Job, entscheiden sich, dass es ganz schnell anders werden muss, fühlen sich klein und chancenlos, machen sich ordentlich Druck, schauen in Stellenbörsen, finden dort nichts, was sie interessiert, stellen fest, dass sie etwas ganz anderes ... und so weiter.

Kommt Ihnen das vielleicht ein bisschen bekannt vor? Ich habe den Eindruck, dass so ein planloses Vorgehen eher die Regel als eine Ausnahme ist! Viele meiner Klienten haben beruflich mit Projektarbeit und -management zu tun. Manche führen Teams und kämen bestimmt niemals auf die Idee, mit ihren Projekten dort so chaotisch umzugehen wie mit ihrer eigenen beruflichen Neuorientierung! Und wenn ich jemanden frage, warum er für sich selbst nicht anwendet, was er doch weiß und kennt, sehe ich meistens nur ein Fragezeichen auf der Stirn. »Weiß ich auch nicht. Klingt aber ziemlich logisch, was Sie da sagen.«

Auch wenn Sie sich noch nie mit Projektarbeit beschäftigt haben: Ist es nicht eine Sache des gesunden Menschenverstands, so eine komplexe Aufgabe ein wenig zu planen und strukturieren?

Im Coaching hat es sich bewährt, den beruflichen Veränderungsprozess in drei Aspekte oder Dimensionen zu unterteilen. Und dieses Vorgehen möchte ich Ihnen jetzt auch für Ihr Selbstcoaching ans Herz legen. Es ist gar nicht kompliziert und wird Ihnen die Arbeit sehr erleichtern und sie vor allem erfolgreich machen. Die drei Aufgabenbereiche bei der beruflichen Neuorientierung sind

- die Jobentwicklung,
- die Projektplanung und
- das Selbstmanagement.

Projektplanung

Jobentwicklung

Selbstmanagement

Stellen Sie es sich einfach so vor, als hätten Sie drei Hüte, die diesen drei Aufgaben entsprechen. Mal tragen Sie den Hut des Entwicklers, mal den des Planers und dann den des Selbstmanagers. Hätten Sie alle drei gleichzeitig auf und würden versuchen, alle drei Aufgaben gleichzeitig zu erledigen, würde das bestimmt in Verwirrung, Planlosigkeit und totaler Ineffizienz enden.

Ein gutes Selbstcoaching bedeutet also, zur richtigen Zeit den richtigen Hut aufzusetzen:

Jobentwicklung Hier liegt der Sinn und Zweck des Projekts: Wir wollen Ideen für Jobs entwickeln, die uns sowohl Spaß machen und sinnvoll erscheinen als auch unseren Möglichkeiten entsprechen und uns natürlich in die Lage versetzen, die Miete zu zahlen. Wenn wir es ernst meinen mit der Neuorientierung, wollen wir auch Ideen, Antworten und Lösungen finden, an die wir bisher nicht gedacht haben – oder die wir uns nicht getraut haben, in Erwägung zu ziehen. Dafür brauchen wir Mut, Neugier und vor allem Kreativität. Wir greifen also dafür hauptsächlich auf Werkzeuge der Kreativitäts- und Ideenentwicklung, eine intensive Recherche und die Klärung unserer Neigungen und Interessen zurück.

Projektplanung In diesen Bereich fällt alles, was mit Zeit- und Aufgabenplanung zu tun hat. Manchmal muss ich Menschen erst davon überzeugen, dass dies sehr wichtig ist – wenn sie glauben, dass viele bunte Ideen doch ausreichen müssten, um uns auf neue berufliche Gedanken und Bahnen zu bringen. Aber erstens kann sich Kreativität am besten in definierten Räumen entfalten, und zweitens sollen ja aus den schönen Ideen auch konkrete Jobprojekte werden. Eine Leserin meines Job-Blogs schrieb einmal sehr passend: »Ohne Steine entsteht kein Haus, sondern nur Luftschlösser.« Eine gute Planung ist das Fundament unseres Projekts, das genug Halt geben, aber auch nicht zu eng und rigide sein soll.

Selbstmanagement Obwohl wir uns einerseits frischen Wind in unserem Beruf so sehr wünschen, haben wir andererseits auch Angst vor Veränderung und Risiken. Und oft spielen negative Glaubenssätze eine große Rolle, die uns ein besseres (Berufs-)Leben nicht zubilligen oder zutrauen. Das unangenehme Resultat sind mentale Blockaden. Wie ich Ihnen schon erklärt habe, sind sie in meinen Augen der größte Stolperstein für eine erfolgreiche Neuorientierung. Deshalb spielt ein psychologisch kluges Selbstmanagement eine ganz wichtige Rolle. Als unser eigener Coach müssen wir dafür sorgen, dass wir uns innerlich gut organisieren und so achtsam mit uns sind, dass Blockaden gar nicht erst auftauchen – oder dass wir imstande sind, mit ihnen konstruktiv umzugehen.

Sie brauchen sich jetzt keine Gedanken darüber zu machen, wie Sie mit diesen drei Dimensionen umgehen! Die Werkzeuge zum Selbstcoaching, die ich

Ihnen später erklären werde, berücksichtigen alle drei »Hüte«. Außerdem werde ich Sie während des Arbeitsprogramms bis zu Ihrer Entscheidung immer wieder auf Aspekte der drei Dimensionen aufmerksam machen. Das klingt jetzt vielleicht noch theoretisch – wenn Sie erst damit arbeiten, wird es Ihnen bald ganz selbstverständlich sein.

Der Entwicklungsprozess

Lassen Sie uns noch einmal zurückkehren zu unserem fiktiven Projekt »neues Haushaltsgerät«. Wir haben inzwischen drei Teams gebildet und deren Aufgaben festgelegt. Ich möchte jetzt mit Ihnen die Arbeit der Entwicklungsabteilung genauer betrachten.

Der Entwicklungstrichter

Stellen Sie sich vor, man würde diese kreativen und hochmotivierten Leute einfach nur instruieren: »Jetzt entwickelt mal schön!« Ganz ohne Vorgaben. Ich vermute, es kämen zwar viele bunte Ideen dabei heraus, aber kaum ein fertiges Produkt. Denn wahrscheinlich würde man oft und gerne zusammensitzen, brainstormen, sich wieder zurückziehen, Ideen ausbrüten, grübeln, wieder brainstormen und so weiter. Ein richtig kreativer Kopf kommt eben immer wieder auf neue Lösungen und Ideen. Doch wenn er das Fass dann jedes Mal aufs Neue aufmachte, die bisherigen Ergebnisse in Frage stellte und wieder von vorn begänne, bliebe der Prozess in einer Endlosschleife gefangen.

Viele gute Ideen ergeben also noch lange kein gutes Produkt – und natürlich würde kein Unternehmen seine Entwicklungsabteilung auf diese Weise vor sich hin wurschteln lassen! Es braucht ein wenig Struktur, um aus Ideen auch Ergebnisse zu machen. Am klügsten ist es, Entwicklungsprozesse wie einen Trichter zu gestalten:

- Anfangs müssen unbedingt *alle* auch noch so verrückten und abwegig scheinenden Ideen erlaubt sein. Denn wer weiß schon sofort, welches Potenzial darin stecken mag? Viele scheinbar verrückte Ideen wurden erst verlacht, bis sie sich als geniale Erfindungen erwiesen. Es müssen also erst einmal Bedingungen geschaffen werden, die das Querdenken und Fantasieren anregen und fördern. Ein Toaster, der ein ganzes Brot toasten kann? Ein schwebender Staubsauger? Warum nicht!

- Diese Phase sollte aber eines Tages ein Ende finden, sonst droht die Endlosschleife. Dann geht es darum, aus allen Ideen eine Auswahl zu treffen und zu überlegen, wie die Ergebnisse angewendet werden können. Eine großartige Idee, die auch nach reiflicher Überlegung keinen Zusammenhang mit dem zu entwickelnden Produkt hat, sollte jetzt besser verworfen werden. Geht diese Phase dem Ende entgegen, sind wir einen Schritt weiter, weil wir jetzt einige hoffentlich unterschiedliche Lösungen gefunden haben.

- Diese Lösungen müssen schließlich durchgerechnet und auf Herz und Nieren überprüft werden. Um eine gute Entscheidung über das Endprodukt treffen zu können, brauchen wir vorher verschiedene Entwürfe und Prototypen. Erst, wenn wir für jede Alternative einen Umsetzungsplan und auch eine Marketingstrategie haben, können wir uns entscheiden. Sonst haben wir am Ende ein geniales Produkt, das nicht zu produzieren ist oder für das es keine Kunden gibt.

Der Neuorientierungsfahrplan

Das klingt sehr einfach und logisch, oder? Deshalb folgt auch mein Jobentwicklungsprogramm dieser »Trichterlogik« und arbeitet sich vom breiten, kreativen Denken in fünf Schritten bis zum analytischen, kritischen Denken und schließlich zur Entscheidung vor:

1. Am Anfang steht eine Standort- und Zielbestimmung. Was sind Ihre Gründe, sich beruflich neu aufzustellen? Warum wollen Sie den jetzigen Job aufgeben? Wie breit wollen Sie eigentlich suchen?
2. Dann dreht sich alles um Ihre Neigungen, Interessen, Fantasien und Träume. Sie möchten Astronautin sein oder auf dem Meer arbeiten? Kein

Problem, hier ist Träumen und Querdenken schließlich sogar gefordert! Je mehr spannendes Material Sie in dieser Phase zusammentragen, desto mehr Stoff haben Sie in der nächsten zum Verwerten und Weiterdenken.

3. Dieser Schritt ist nicht weniger kreativ. Jetzt geht es darum, aus den vielen Gedanken mögliche Jobideen zu entwickeln – auch die müssen noch nicht »realistisch« sein, sondern vor allem interessante und attraktive Optionen.

4. Anschließend wird die Jobidee zum Jobprojekt. Nur eine kleine Auswahl des dritten Schritts können Sie hier bis zum »Prototyp« zu Ende denken. Das bedeutet, dass Sie jedes Jobprojekt so genau wie möglich definieren – bis zu Ihrer Bewerbungsstrategie oder dem Umsetzungsplan. In dieser Phase kommen auch Ihre Fähigkeiten und Kenntnisse ins Spiel.

5. Schließlich treffen Sie aus dieser Auswahl Ihre Entscheidung.

Jetzt brauchen wir nur noch diese fünf Schritte mit den drei Dimensionen zu verbinden, und fertig ist unser »Neuorientierungsfahrplan«: Während wir uns also mit dem Entwicklerhut auf dem Kopf von Schritt zu Schritt arbeiten, prüfen wir regelmäßig mit dem Hut des Planers, ob wir noch in der Spur sind. Und den Selbstmanagerhut setzen wir auf, um unsere Befindlichkeit zu checken und einzugreifen, wenn Blockaden drohen.

Wenn ich Menschen dieses simple Konzept vorstelle, sagt fast jeder: »Klar, das ist ja völlig logisch. Wieso bin ich nicht selbst darauf gekommen?« Das ist wirklich merkwürdig, denn in anderen Lebensbereichen, vor allem, wenn es um berufliche Projekte geht, handeln wir ja meist nach so einem Muster – und finden es ganz selbstverständlich. Was ich Ihnen also hier empfehle, sind wirklich keine Geheimnisse oder besonders komplizierte Rezepte. Es ist höchstens ein bisschen ungewohnt, so eine Strategie für eigene »Lebensprojekte« anzuwenden.

Warum beginnen wir nicht mit unseren Fähigkeiten?

Diese Frage wird mir häufig gestellt. Viele Menschen meinen, mit einem Stärken-Schwächen-Profil schon auf einem guten Weg zum neuen Job zu sein. Schließlich scheint sich in der Arbeitswelt ja alles darum zu drehen, was wir können und kennen. Wenn ich weiß, was ich kann, muss ich nur noch nach dem passenden Job schauen. Klingt vernünftig – hat aber einen Haken, den ich ja bereits erwähnt habe:

Viele Menschen mit Veränderungswünschen arbeiten schon länger in einem Job, für den sie ausgebildet wurden oder studiert haben. Fragt man sie nach ihren Kompetenzen, denken die meisten zuerst an solche, die sie tagtäglich anwenden. Dass wir in unserem Berufs- und auch Privatleben auch viele unspezifische Fähigkeiten erwerben und pflegen, die uns ganz andere Tätigkeiten ermöglichen könnten, ist vielen Menschen gar nicht bewusst.

Im Mittelpunkt unseres Kompetenzprofils stehen in der Regel solche Fähigkeiten und Kenntnisse, die eine große Rolle in unserem momentanen Job spielen. Aber den wollen wir ja verändern und womöglich ganz hinter uns lassen! Würden wir hier mit unserer Suche nach Alternativen beginnen, kämen wir kaum auf Ideen, für die wir (noch) nicht alle nötigen Kompetenzen mitbringen.

Ich setze deshalb lieber bei Interessen und Neigungen an und lasse die Kompetenzen erst später einfließen, wenn Jobideen schon formuliert und nicht so einfach vom Tisch zu wischen sind. Natürlich kann es sein, dass wir dann feststellen, dass unsere Fähigkeiten und Kenntnisse für den erträumten Job nicht ausreichen. Aber wir können dann immer noch nach Wegen suchen, wie wir dies ändern und Kompetenzen erwerben können.

Das Prägnanzproblem bei Entscheidungen

Wenn wir eine Entscheidung zwischen A und B treffen wollen, müssen beide Alternativen ähnlich klar, bekannt und verständlich, also prägnant sein. Sonst haben wir ein Problem: Kenne ich A sehr gut und detailliert und B nur eher verschwommen und ungenau, werde ich mich tendenziell für A entscheiden. Warum? Weil unser Gehirn das Unklare nicht mag und dazu neigt, damit verbundene Risiken eher zu überschätzen. Instinktiv halten wir uns lieber an das Bekannte und Vertraute.

Verbringe ich beispielsweise meinen Urlaub in dem spanischen Ferienort, wo ich schon häufiger war, oder reise ich lieber nach Asien? Asien mag exotisch und interessant klingen, aber vielleicht auch unbekannt und irgendwie gefährlich. Vor so eine Wahl gestellt, würden sich die meisten wohl eher für den vertrauten Ort entscheiden. Wenn ich mich aber informiere und dadurch sehr genau weiß, was mich an bestimmten Orten eines asiatischen Landes erwartet, hat die neue Erfahrung gegen die bekannte eine viel bessere Chance.

Mit dem neuen Job ist es ähnlich. Unsere aktuelle Arbeit, die Branche, das Unternehmen und alle täglichen Abläufe kennen wir in- und auswendig. Und die Alternativen? Viele Menschen haben nur einige verschwommene Ideen, weil sie über das Grübeln noch gar nicht hinaus gekommen sind. Aber trotzdem meinen sie, auf dieser Grundlage schon eine Entscheidung treffen zu können und müssen:

Richard, 31

Richard arbeitete seit dem Jurastudium angestellt als Anwalt in einer Kanzlei. Klar war ihm, als wir uns kennen lernten, nur, dass dieser Job ein totes Pferd für ihn war. Er sagte mir, dass er sich vieles vorstellen könne – in den Bereich Training oder Erwachsenenbildung zu gehen, vielleicht auch für eine Nichtregierungsorganisation zu arbeiten oder für eine Kanzlei, die auf Umweltfragen spezialisiert ist. Sein Hauptproblem war in seinen Augen: »Ich kann mich einfach nicht entscheiden!«

Wie sollte er auch? Bevor nicht die Alternativen so gut wie möglich durchdacht und recherchiert waren, hatten sie doch kaum eine Chance gegen seine Tätigkeit als Anwalt, die Richard ja wie aus dem Effeff kannte. Er glaubte, ein Entscheidungsproblem zu haben – in meinem Verständnis gab es vor allem ein Informationsdefizit.

Deshalb ist es mir so wichtig, dass in den ersten vier Schritten der Neuorientierung *prägnante* Jobprojekte entstehen, bevor es in die Entscheidungsrunde geht.

Achtung Stolperstein!

Ich erlebe häufig, dass Menschen meinen, eine Entscheidung treffen zu müssen, ohne dass ihnen ihre Optionen wirklich klar sind. Und dann meinen sie, einfach nur ein Entscheidungsproblem zu haben, das man mit einer Pro-und-Kontra-Liste doch locker lösen können müsste. Klappt aber nicht – wegen des Prägnanz-Problems!

Wenn Sie sich unter einen hohen Entscheidungsdruck setzen, sollten Sie unbedingt überprüfen, ob Ihre Alternativen prägnant genug sind. Sie sollten sich dann ehrlich fragen, welche Informationen Ihnen noch fehlen; oder umgekehrt, was Sie denn überhaupt schon wissen über Ihre Optionen.

Die Psychologie des Selbstmanagements

Die meisten von uns kommen ganz gut mit sich und dem Leben klar. Solange alles in relativ vertrauten Bahnen läuft, sind wir entscheidungs- und handlungsfähig. Klar, es läuft mal besser, mal schlechter, aber grundsätzlich wissen wir, wer und wie wir sind – und wie wir am besten mit uns und der Welt umgehen. Uns gelingt es also meistens, uns selbst zu managen.

Aber dann klopfen Krisen und Umbrüche an unsere Tür, und es ist vorbei mit dem gemütlichen inneren Gleichgewicht. Entweder werden Veränderungen von außen an uns herangetragen, Menschen treten in unser Leben oder verabschieden sich, oder unsere Arbeitsbedingungen verändern sich über Nacht. Oder Veränderungen wachsen in uns. Das geschieht meist schleichend, und wir versuchen erst einmal, so weiter zu machen wie bisher. Aber eines Tages können wir nicht mehr übersehen, dass es dringenden Handlungsbedarf gibt. Wenn berufliche Unzufriedenheit zu sehr schmerzt und unsere Lebensqualität einschränkt, wenn wir uns also eingestehen müssen, dass unser Job-Pferd tot ist, ist es nicht mehr sinnvoll, stoisch im Sattel zu verharren und auf bessere Zeiten zu warten.

In so einer Situation ist unser Selbstmanagement richtig gefordert! Denn der Handlungs- und Veränderungsdruck ist groß, aber wir wissen nicht genau, wohin wir wollen und welche Möglichkeiten es gibt. Und außerdem melden sich Ängste und innere Widerstände zu Wort. Eben hatten wir das Steuer bei ruhiger See noch fest in der Hand, und auf einmal gerät unser Boot gewaltig ins Schlingern.

Wenn wir uns blockiert und ängstlich fühlen und nicht wissen, wie und woran wir uns orientieren können, ist dies ein Symptom dafür, dass unser Selbstmanagement gerade schwächelt. Natürlich könnten wir dies ignorieren und einfach weiter an unserer beruflichen Entwicklung arbeiten. »Orientierungslos, aber wild entschlossen und mit ganzer Kraft!« Wie gesagt, so mögen einige Karriereratgeber navigieren – ich halte wenig davon. Solange wir das Steuer nicht wieder fest in der Hand haben, hat es einfach keinen Sinn, darüber zu grübeln, wohin wir eigentlich reisen wollen. Deshalb ist in meiner Arbeit das Selbstmanagement eine der drei Dimensionen der erfolgreichen Neuorientierung – und sie ist die komplexeste Herausforderung.

Die beiden anderen, Entwicklung und Planung, können wir uns mit den richtigen Methoden und Werkzeugen relativ leicht aneignen. Für ein Selbstmanagement, das uns sicher durch den stürmischen Neuorientierungsprozess führt, brauchen wir psychologisches Know-how und eine gute Wahrnehmung für das, was in uns geschieht. Beides ist gar nicht kompliziert – aber es braucht vor allem Übung und ist nicht über Nacht zu lernen. Ich möchte Sie deshalb bitten, dieses Kapitel sehr sorgsam durchzuarbeiten. Denn so werden Sie die »Werkzeuge zur Blockadelösung« im nächsten Kapitel leicht verstehen und anwenden können.

Wir sind viele

Es ist schon merkwürdig: Als erwachsene Menschen haben wir mit den Jahren ein Bild von uns selbst entwickelt, das auf den ersten Blick ziemlich einheitlich aussieht. Bei genauerem Hinsehen stellen wir aber fest, dass es oft nur die eine Seite der Medaille zeigt – denn wir können auch »ganz anders« sein:

- Wir finden es zwar wichtig, ehrlich mit unserem Partner zu sein – flunkern aber trotzdem hier und da und können manchmal kaum ertragen, wenn der andere ehrlich mit uns ist.

- Wir halten materielle Dinge für unbedeutend – tun aber alles für ein neues Auto oder das neuste Smartphone.
- Für uns sind Freunde und Familie das Wichtigste im Leben – und haben doch kaum Zeit für sie.
- Wir können großzügig und tolerant sein – aber auch neidisch und kleingeistig.

Meistens definieren wir uns eher über unsere »Sonnenseiten«: Wir wollen natürlich souverän, entscheidungsfreudig und vernünftig sein. Betrachten wir unser Handeln, Denken und Fühlen aber mal ehrlich im Spiegel, sehen wir auch ganz andere Seiten, die uns viel weniger in den Kram passen. Und das geht ja nicht nur Ihnen und mir so. Unsere innere Vielstimmigkeit ist ganz normal und hat nichts mit »gespaltenen Persönlichkeiten« oder »Schizophrenie« zu tun.

Damit, dass »mehrere Seelen in unserer Brust wohnen«, mögen wir ja noch ganz gut leben können. Aber warum sind einige davon ziemlich vernünftig, sehen unsere Möglichkeiten realistisch und finden Veränderungen und neue Herausforderungen richtig und gut – und andere Teile von uns ängstlich, widerspenstig, irrational und keinen noch so vernünftigen Argumenten zugänglich? Warum kann ich mir immer wieder sagen, dass eine neue berufliche Richtung mein Leben nur bereichern wird – und trotzdem hält etwas in mir stur am Status quo fest?

Um unsere »irrationale Seite« zu verstehen, müssen wir uns mit ihrer Entstehung befassen.

Kindliche Sichtweisen

Stellen Sie sich vor, wie wir wohl in unserem ersten Lebensjahrzehnt die Welt gesehen haben: riesengroß, oft ziemlich unverständlich und mächtig. Und wir waren klein und eher hilflos. Die Erwachsenen mögen es zumeist gut mit uns gemeint haben, aber sie waren auch verwirrend – und oft selbst ganz schön verwirrt. Wie kamen wir damit klar? Als Kinder waren wir kaum in der Lage, differenziert zu denken. Unser Verstehen war geprägt von richtig/falsch und gut/böse. So erschlossenen wir uns die Welt. Aber mit diesen Denkschablonen konnten wir sie kaum verstehen.

Mit den Jahren lernten wir hinzu, wurden mehr oder weniger vernünftig und lernten, auch in Zwischentönen zu denken. Unsere erwachsene Persönlichkeit entwickelte sich; aber unsere Psyche wurde nicht einfach »upgedatet« wie ein Computerprogramm, sondern wuchs eher schichtweise wie eine Zwiebel. Und so sind kindliche Sichtweisen nicht verschwunden, sondern noch immer Teil unseres psychischen Inventars. Wir haben zwar die Vorstellung von uns, erwachsen zu sein, aber das ist eben nur teilweise richtig. Ob es uns gefällt oder nicht: Viele der Anteile, die unser Denken, Fühlen und Handeln entscheidend beeinflussen, sind nicht sonderlich erwachsen! Das merken wir beispielsweise sehr deutlich, wenn

- ein Kollege ein tolles Projekt leiten darf und wir grün vor Neid sind,
- der Chef unsere Arbeit kritisiert und wir uns nur persönlich getroffen fühlen,
- wir zutiefst verletzt sind, weil unsere beste Freundin mit einer Bekannten in den Urlaub fährt, oder
- wir glauben, total versagt zu haben, weil eine Präsentation nicht perfekt lief.

Unsere differenzierte Welt wird dann plötzlich sehr schwarz-weiß und wir innerlich sehr klein. Wir wollen uns beruflich verändern und sind einerseits von unseren Chancen, Kompetenzen und unserer Motivation zum Wechsel überzeugt. Aber wir fühlen uns auch nicht gut genug, sind pessimistisch und haben große Angst. Bei fast jedem ist die Angst vor Unsicherheiten ein wichtiges Thema.

Sich Gedanken darüber zu machen, wie wir uns und unsere Familie auch morgen noch ernähren können, ist eine erwachsene Haltung. Wenn wir aber in Panik geraten und glauben, bald »in der Gosse zu landen«, wenn wir unseren Job aufgeben, ist das eine sehr kindlich-verwirrte Sichtweise.

Menschen sind oft verwundert, wenn sie mit ihrem Jobprojekt nicht so vorankommen, wie es ihnen doch vernünftig und sinnvoll erschiene. Denn die Vorteile von Veränderungen sind offensichtlich – und dieses Zögern und die Ängste und inneren Widerstände sind völlig irrational! Ja, unsere inneren Bremser sind selten rational. Und das ist kein Wunder, wenn man versteht, dass sie psychisch sehr jung sind und die Welt durch Kinderaugen sehen.

Sie kennen das bestimmt, wenn Sie sich mental blockiert fühlen: Dann können Sie noch so oft alle vernünftigen Argumente herunterbeten – etwas in Ihnen scheint das gar nicht zu erreichen. Uns selbst nur noch mehr Druck zu machen und uns sogar noch zu kritisieren, bringt uns auch keinen Schritt weiter. Kein Wunder, wenn wir uns vorstellen, dass ein Teil von uns eine schlimme, kindliche Angst hat! Deshalb müssen wir mit unseren inneren Bremsern psychologisch etwas klüger umgehen, um unsere Blockaden zu lösen.

Die Bühne unseres Ichs

So sind wir also gestrickt. Anstatt eines einheitlichen, praktischen und erwachsenen Ichs tummeln sich in uns zahlreiche Persönlichkeitsanteile mit ihren ganz eigenen Sichtweisen und Gefühlen; wie auf einer Bühne, wo sehr unterschiedliche Darsteller ein Stück mit- und gegeneinander aufführen. Einige stehen vorne im Rampenlicht – das sind die Teile von uns, die wir gern uns und anderen präsentieren –, andere haben ihren Platz am Rand der Bühne, wo nicht viel Licht hinfällt. Hier finden wir vor allem Anteile, die den Status quo bewahren wollen. Aber das kann sich schnell ändern, und dann spielen plötzlich Ängste und Widerstände die Hauptrolle – jedenfalls für eine Weile.

Wenn es um berufliche Veränderung geht, stehen vorne oft unsere inneren »Abenteurer«, die das Neue suchen und Routine ganz scheußlich finden. Mit denen identifizieren wir uns gern und sagen: »Ja, genau so bin ich eigentlich!« Weiter hinten haben die ängstlichen, die zweifelnden und bremsenden Anteile ihren Platz. Und oft, wenn die strahlenden Anteile da vorn ihren Text von der schönen, neuen Jobwelt vortragen, drehen sie ihnen von hinten das Licht ab oder bringen sie irgendwie ins Stolpern. Und dann mischt sich gern auch noch unser innerer Kritiker ein, der von der Seite böse Kommentare einwirft wie Statler und Waldorf in der Muppet Show. Auf der Ich-Bühne sind die Anteile im Rampenlicht nur scheinbar die wichtigeren oder stärkeren. Gerade die im Dunkeln können sehr mächtig und die eigentlichen Strippenzieher sein!

Und wenn Ihre Ich-Bühne gerade mal wieder den Klassiker »Mentale Blockade« aufführt, erleben Sie nicht das Zusammenspiel eines Ensembles, sondern lauter Solisten oder Fraktionen, die ausschließlich gegeneinander spielen. Hier kümmert sich kein Regisseur darum, die Sache geordnet über die Bühne zu bringen und es zu einem Erfolg zu machen.

Nö, man lässt dem Spiel einfach seinen Lauf und führt dieses Stück wieder und wieder auf. Und ist noch verwundert, dass die Aufführung nicht besser wird – so, als würde man im Kino immer wieder erwarten, dass es die Titanic *dieses Mal* doch am Eisberg vorbei schaffen müsste …

Ganz grob können wir die Anteile unserer Ich-Bühne in zwei »Fraktionen« aufteilen, in eine eher expansive und eine eher konservative.

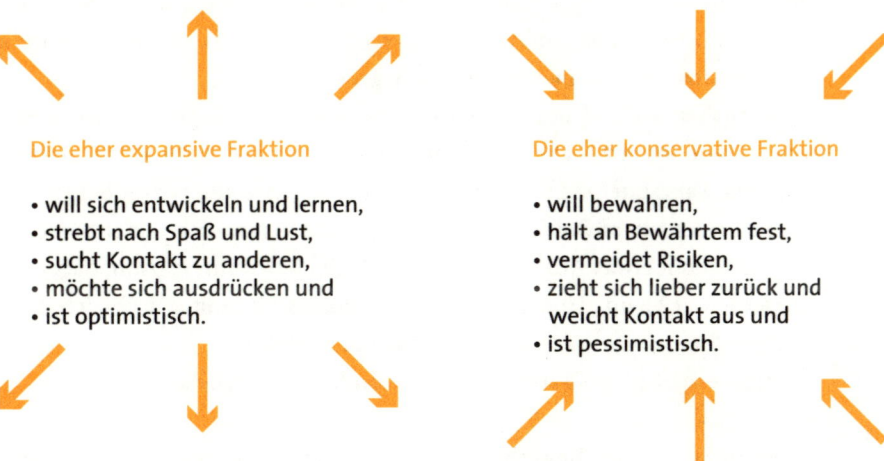

Die eher expansive Fraktion

• will sich entwickeln und lernen,
• strebt nach Spaß und Lust,
• sucht Kontakt zu anderen,
• möchte sich ausdrücken und
• ist optimistisch.

Die eher konservative Fraktion

• will bewahren,
• hält an Bewährtem fest,
• vermeidet Risiken,
• zieht sich lieber zurück und weicht Kontakt aus und
• ist pessimistisch.

Die schlechte Nachricht: An der Tatsache unserer inneren Vielstimmigkeit können wir wenig ändern. Auch wenn wir es gern hätten, wir werden Persönlichkeitsanteile nicht los – sie sind nun einmal ein Teil von uns. Die Darsteller werden also auf unserer Bühne bleiben. Wenn ein Teil meines inneren

Ensembles beispielsweise ständig befürchtet, morgen »in der Gosse zu landen«, werde ich wohl mein Leben lang mit ihm und dieser Angst umgehen müssen. Weder wird aus diesem ängstlichen Teil von mir ein furchtloser Held, noch werde ich ihn zum Schweigen bringen können.

Aber das ist gar nicht schlimm. Denn nicht unser Ensemble ist das Problem, sondern sein (Nicht-)Zusammenspiel! Überall, wo sehr unterschiedliche Charaktere miteinander auskommen müssen, können sie sich streiten und gegenseitig blockieren – oder ein erfolgreiches Team bilden. Überlässt man so einen Haufen sich selbst, geht es fast immer schief. Mit einem guten Teamleiter kann das Zusammenspiel aber hervorragend klappen.

Unser innerer Teamleiter

Glücklicherweise besteht unsere Persönlichkeit nicht nur aus streitbaren Anteilen, wir haben auch einen »Teamleiter« in uns. Wir können unsere Psyche – sehr vereinfacht! – nämlich in zwei Etagen aufteilen. In der einen finden wir die verschiedenen Anteile unserer Persönlichkeit, und im Stockwerk darüber sitzt unser »innerer Selbstmanager«.

Ihn haben wir im Laufe unseres Lebens entwickelt und gestärkt. Er ist eine erwachsene Instanz – eher vernünftig und in der Lage, differenziert zu denken und wahrzunehmen. Wenn Sie gerade über Ihre unterschiedlichen Anteile nachdenken und sich dabei nicht hin- und hergerissen fühlen, sondern sich selbst mit etwas Abstand betrachten können, hat Ihr Selbstmanager das Steuer in der Hand. Trotz aller inneren Komplexität fühlt sich Ihr Ich dann wie eine Einheit an – trotz der »verschiedenen Seelen«.

In so einem erwachsenen Zustand befinden Sie sich beispielsweise,

- wenn Sie sich im Bewerbungsgespräch kompetent und selbstsicher präsentieren – obwohl sich ein Teil von Ihnen gar nicht so fühlt;
- wenn Sie zum Zahnarzt gehen – obwohl Sie große Angst haben;
- wenn Sie sich trauen, einen interessanten Menschen anzusprechen – obwohl Ihr innerer Kritiker meint, dass Sie doch ganz sicher einen Korb bekommen werden.

Wenn der Selbstmanager einen guten Job macht, versteht er es – wie ein guter Teamleiter –, die unterschiedlichen Anteile zu leiten und zu integrieren.
Er weiß, wie »seine Pappenheimer« denken und fühlen, wovor sie Angst haben und was ihnen besonders wichtig ist. Und er lehnt keinen von ihnen ab
oder unterteilt sein Team in gute und schlechte Anteile.

Das innere Durcheinander

Wenn mein Selbstmanager gerade das Heft in der Hand hat, kann ich entspannt sein und klare Entscheidungen treffen, obwohl ich mir meiner inneren Vielstimmigkeit bewusst bin. Aber wenn er das Steuer aus der Hand gibt, übernimmt die »untere Etage« – und dann gibt's Kuddelmuddel!

Ich möchte Ihnen dazu von drei Menschen aus meiner Coachingpraxis erzählen.

Sabine, 27

Sabine ist schon seit zwei Jahren dabei, sich als Hair- und Make-up-Artist für Werbefotografie selbstständig zu machen. Obwohl sie einerseits weiß, dass sie auf ihrem Gebiet sehr gut ist und geschätzt wird, vermeidet sie es, sich bei potenziellen Kunden vorzustellen und zu präsentieren. Sie hat es noch nicht geschafft, ein Fotobuch ihrer Arbeit zusammenzustellen, und sie hat keinen Zeitplan und keine To-do-Liste. Sabine erzählt, dass sie regelrecht »versteinert«, wenn sie sich diesen Aufgaben stellen will. Natürlich ist ihr bewusst, dass sie so nicht weiterkommen wird. Sie fühlt sich »wie ein Reh, auf das plötzlich in der Dunkelheit ein Auto zufährt, das nur in die Scheinwerfer starrt und nicht weglaufen kann.«

Jan, 36

Jan arbeitet seit vielen Jahren als Anzeigenleiter in einem großen Verlag. Er hat schon ein Burn-out erlebt und war damals vier Monate krankgeschrieben. Es war eine schlimme Zeit. Jetzt zeigen sich wieder ähnliche Überlastungssymptome. Ihm ist bewusst, welches Risiko er eingeht – aber trotzdem schafft er es nicht, sein Arbeitsvolumen zu reduzieren. Er erzählt mir ziemlich geknickt, dass seine Bürotür für jeden immer offen ist und er niemals eine Anfrage ablehnt. Anstatt Grenzen zu setzen und mit seiner Chefin über Möglichkeiten der Entlastung zu sprechen, arbeitet er auch am Wochenende und ist »selbstverständlich« im Urlaub immer erreichbar. Er weiß, dass sein Verhalten kontraproduktiv ist – aber er fühlt sich allein außerstande, etwas daran zu ändern. Denn »etwas in ihm« hat panische Angst, als Schwächling zu gelten, der seinen Aufgaben nicht gewachsen ist.

Klaus, 34

Klaus ist Maschinenbauingenieur und in seinem Beruf sehr erfolgreich. »Ich müsste doch eigentlich zufrieden sein«, sagt er mir – aber andererseits hat ihm die Arbeit nie wirklich Spaß gemacht. Er hatte sich für dieses Studium entschlossen, weil sein bester Freund sich dafür eingeschrieben hatte, er schon immer über ein sehr gutes technisches Verständnis verfügte – und keine bessere Alternative wusste. Jetzt fühlt er den Druck zu handeln, weil er Angst hat, dass »der Zug in ein paar Jahren abgefahren sein wird«. Klaus hat auch einige vage Ideen von möglichen Berufen – aber bisher ist er nicht aktiv geworden und hat seine Wünsche nicht ernst genommen. Er gibt zu, dass sein Veränderungswunsch auf seiner Prioritätenliste wohl nicht ganz oben steht, obwohl er offensichtlich unter seiner Situation leidet.

Alle drei Menschen sind innerlich gespalten. Sie spüren sowohl ihre inneren Widerstände als auch den Wunsch nach Veränderung. Sie wollen handeln und bleiben doch untätig. Ganz sicher ist es bei ihnen keine Frage von mangelnder Intelligenz, und alle drei sind recht selbstreflektierte Menschen, die sehr genau sagen können, was in ihnen vorgeht.

Diagnostisch können wir feststellen, dass sie innerlich blockiert sind, weil verschiedene Persönlichkeitsanteile gegeneinander arbeiten. Es gibt jeweils eine starke expansive Fraktion und eine konservative, die offensichtlich Angst hat vor möglichen Veränderungen. So eine innere Konstellation, so ein Kuddelmuddel, ist, wie schon gesagt, völlig normal bei beruflichen Neuorientierern.

Der innere Konflikt ist also in uns angelegt und unvermeidlich – die Blockade aber nicht! Ob jemand trotzdem weiter kommt oder aber hängen bleibt, liegt vor allem am inneren Selbstmanager. Wenn er schwach ist, wie bei den drei Beispielen, geschieht Folgendes: Wir spüren keinen Abstand mehr zu unserem Konflikt und identifizieren uns mit den einzelnen Anteilen. Das bedeutet, dass wir jeweils für einen Augenblick durch die Brille ausschließlich *eines* Anteils blicken – und dann denken und fühlen wir, was dieser Anteil denkt und fühlt, und zwar solange, bis wir uns mit dem nächsten identifizieren und so weiter. Dann wechseln unsere Sichtweisen im Sekundentakt wie Sequenzen eines viel zu schnell geschnittenen Films:

»Ich will mich unbedingt verändern. Ich will glücklich sein im Job!« – *Schnitt* – »Aber wer ist schon glücklich?! Mir geht's doch ganz okay.« – *Schnitt* – »Das Tollste wäre, ich könnte in einer TV-Redaktion arbeiten.« – *Schnitt* – »Das ist doch Quatsch. Ich hab doch null Erfahrung.« – *Schnitt* – »Die lachen mich aus, wenn ich dort ankomme.« – *Schnitt* – »Ich bin erst 32 – und ich habe doch einiges auf dem Kasten.« – *Schnitt* – »Aber ich kann doch nichts richtig.« – *Schnitt* – »Das wird nie was.« – *Schnitt*

Und so weiter, und so weiter. Ich bin mir sicher, Sie wissen sehr genau, wovon ich spreche. In der Blockade sind unsere Grübeleien eine endlose Abfolge von solchen Gedanken und Gefühlen. Und jeweils *glauben* wir, was gerade durch unser Hirn rauscht, weil wir uns gerade mit nur einem Anteil identifizieren. Es ist kein Wunder, dass Menschen es vermeiden, sich mit den Möglichkeiten beruflicher Veränderungen zu befassen, wenn sich dann immer so ein »Blockade-Film« abspult!

Blockaden vertragen keinen Druck

Je heftiger die Blockade, desto weniger Abstand haben wir zu unserem Konflikt; und je geringer der Abstand ist, desto weniger realisieren wir, dass wir blockiert sind. So fahren wir uns fest wie ein Auto auf weichem Sand. Und nicht selten verschlimmern wir unsere Lage noch, indem wir uns zusätzlich Druck machen (»Ich *muss* jetzt endlich vorankommen!«) und uns noch dafür kritisieren, dass wir blockiert sind (»Ich bin eben zu blöd!« oder »Dann will ich es wohl gar nicht!«).

Ich treffe nicht selten Menschen, die sich total festgefahren haben und denen nichts Besseres einfällt, als sich dafür auch noch gnadenlos fertig zu machen! Wenn ich dann vorschlage, dass wir uns erst einmal der Blockade widmen sollten, um eine berufliche Entwicklung überhaupt möglich zu machen, höre ich oft Sätze wie: »Okay. Aber ich hänge seit Jahren fest. Deshalb muss es *jetzt* aber ganz schnell gehen!« Das erleichtert die Sache nicht unbedingt.

Achtung Stolperstein!
Spüren Sie auch die Tendenz, jetzt sehr ungeduldig zu sein und zu erwarten, dass Sie mithilfe dieses Buches möglichst schon morgen Berge versetzen müssen? Das ist eine Falle! So sehr ich Ihre Ungeduld verstehen kann – wenn Sie sich einen so unkonstruktiven Druck machen, ist das nur ein Zeichen dafür, dass Ihnen der Abstand fehlt. Ein guter Selbstmanager macht keinen Druck, wenn er weiß, dass daraus nichts Gutes entstehen kann.

Lasst uns langsam vorgehen

Die Psychologin Ruth Cohn hat einmal gesagt: »Wir haben wenig Zeit. Lasst uns langsam vorgehen.« Dies ist ein sehr kluger Ratschlag, den wir vor allem berücksichtigen sollten, wenn wir uns innerlich unklar fühlen. Wenn wir nämlich langsam sind, können wir innehalten und erkennen, was gerade in uns passiert. Und damit kann unser Selbstmanager wieder ins Spiel kommen.

Je hektischer und druckvoller wir agieren, desto weniger können wir wahrnehmen, was wir tun und fühlen. Je weniger wir wahrnehmen und verstehen, desto weniger sind wir in der Lage, das Steuer in die Hand zu nehmen. Und dann bleiben es unsere streitenden Anteile, die den Kahn lenken – wahrscheinlich aufs nächste Riff.

Wie Sie Ihr Selbstmanagement stärken und so mentale Blockaden lösen können, werde ich Ihnen im folgenden Kapitel erklären.

Die Werkzeuge des Selbstcoachings

Jetzt möchte ich Ihnen einige Werkzeuge vorstellen, die Sie zum Selbstcoaching auf dem Weg zum neuen Job benötigen werden. Sie werden Sie in allen drei Dimensionen unterstützen:

- beim Entwickeln und Entdecken von Interessen und Ideen,
- beim Planen und Strukturieren der Arbeit und
- bei der Klärung innerer Konflikte und der Lösung von Blockaden.

Es sind nicht viele – und so mancher mag sich fragen, ob das denn ausreicht für so eine komplexe Aufgabe. Ein »richtiger Coach« müsste doch viel mehr in seinem Werkzeugkasten haben. Klar, es gibt natürlich hunderte von Techniken, die meterweise Bücher füllen würden. Aber ich habe festgestellt, dass wir mit dieser kleinen Auswahl eine ganze Menge bewegen können, wenn wir sie nur konsequent anwenden.

Trotzdem ist es eine Menge Stoff. Für einige von Ihnen dürfte vieles davon bekannt oder sogar selbstverständlich sein. Auch wenn es bestimmt nicht schwer zu verstehen ist, wird es eine Weile brauchen, bis Sie diese Werkzeuge für sich nutzen können. Deshalb schlage ich Ihnen vor, das Folgende erst einmal durchzulesen, um einen Überblick zu bekommen. Beschäftigen Sie sich dann mit jedem Punkt noch einmal ausführlich.

Ich kann gut verstehen, wenn Sie viel lieber schon mit Ihrer Jobentwicklung starten würden. Aber mithilfe dieser Werkzeuge wird der Weg viel leichter und womöglich überhaupt erst zu gehen sein! Vor allem ist es mir wichtig, dass Sie die Techniken zur Blockadelösung im nächsten Kapitel schon kennen und anwenden können. Denn mit großer Wahrscheinlichkeit wird es bei der Arbeit an Ihrem neuen Job schwierige Phasen geben – und dann wird es sehr hilfreich sein, wenn Sie mit diesen Techniken schon vertraut sind.

Ich habe die Coaching-Werkzeuge in drei Gruppen geordnet:

Die Alltagswerkzeuge

- die Projektplanung,
- das Schreiben und Visualisieren und
- die Bedenkenliste.

Diese Werkzeuge verwenden wir ständig – sie sind das Fundament der Arbeit an Ihrem Projekt »Berufliche Neuorientierung«.

Der Routinecheck

- Checkpoints und
- Projektbarometer.

Wie schon erwähnt, ist es wichtig, dass Sie den Stand Ihres Projekts immer im Blick haben. Deshalb sollten Sie in regelmäßigen Abständen mit diesen Werkzeugen überprüfen, wo Sie gerade stehen und welche Maßnahmen notwendig sind.

Die Werkzeuge zur Blockadelösung

- Stopp-Technik,
- Konflikt-Landkarte und
- Ich-Bühne.

Wenn Sie feststellen, dass Sie irgendwie festhängen, sich blockiert oder unmotiviert fühlen oder Ängste Ihnen die Arbeit schwer machen, brauchen Sie Werkzeuge, die Ihnen bei der Klärung und Lösung helfen.

Achtung Stolperstein!

Wenn wir in Stress geraten, neigen wir dazu, nach der Augen-zu-und-durch-Methode den Coach-Hut an den Nagel zu hängen, Zeitpläne zu vergessen und nur noch hektisch zu agieren. Dann wird plötzlich wahllos eine Bewerbung nach der nächsten verschickt oder nur noch die am einfachsten umzusetzende Jobidee verfolgt, »weil alles andere ja doch nur Träumerei ist«.

Ich erlebe bei Menschen in der Neuorientierung solche »Kurzschlussaktionen« ziemlich häufig. Dann ist es besonders wichtig, innezuhalten, durchzuatmen, erst einmal *gar nicht* zu handeln und sich innerlich zu klären und zu beruhigen. Also lieber ein Eis essen, einen Kaffee trinken oder einen Spaziergang machen – und erst mit der Arbeit fortfahren, wenn Sie wieder bei sich sind und Ihr Selbstmanager das Heft in der Hand hat. Denn hinter dem blinden Aktionismus steckt fast immer pure Angst, die plötzlich vor der Tür steht und Panik auslöst. Sehr menschlich – aber ein ganz mieser Ratgeber!

Bitte bedenken Sie: Jemand, der sich wenig um seine Ideenentwicklung kümmert, aber ein guter Selbstmanager ist, wird zumindest seine mittelmäßigen Ideen in die Tat umsetzen. Jemand, der viele gute Ideen hat, aber sich selbst ein schlechter Coach ist, wird wahrscheinlich gar nichts davon verwirklichen!

Die Alltagswerkzeuge

Im Folgenden stelle ich Ihnen die wichtigsten Werkzeuge vor:

- Projektplanung,
- Schreiben und Visualisieren,
- die Bedenkenliste.

Die Projektplanung

Der Projektarbeitsplatz: Es muss ja kein ganzes Büro sein – aber Ihr Projekt sollte schon seinen eigenen Platz haben. Der Zeitplan, To-do-Listen, Erinnerungshilfen und vor allem das Thema, an dem Sie gerade arbeiten, sollten immer gut sichtbar an einer Stelle Ihrer Wohnung hängen. Auf diese Weise haben Sie Ihr Projekt ständig vor Augen und im Sinn.

Praktisch ist eine Pinnwand oder ein Whiteboard. Aber auch eine waagerechte (unsichtbare) Angelsehne, an der Sie Blätter mit Wäscheklammern aufhängen können, reicht völlig aus. Oder Sie nutzen dafür eine Schranktür und Klebeband. Schön wäre auch ein (Schreib-)Tisch, den Sie für Ihre Arbeit reservieren. Die Hauptsache ist, dass Ihr Projekt nicht in einer Schublade lagert und dort womöglich vorzeitig seine ewige Ruhe findet!

Der Projektplan: Auch wenn Sie sonst ohne Zeit- und Arbeitspläne auskommen – komplexe Projekte, die aus vielen, aufeinander aufbauenden Einzelschritten bestehen, können wir unmöglich ohne einen Plan bewältigen. Manche Menschen reagieren genervt auf diese Vorstellung: »Muss das denn wirklich sein? Das ist doch nur *noch* mehr Arbeit!« Ja, Planung ist natürlich Arbeit und braucht Zeit – aber sie ist sehr gut investierte Arbeit und Zeit!

Kennen Sie die Geschichte von dem Waldarbeiter, der den Auftrag hatte, tausend Bäume an einem Tag zu fällen? Er schuftete und schuftete, als jemand vorbei kam und ihn darauf aufmerksam machte, dass seine Säge doch sehr stumpf sei. Er antwortete, dass er so viel zu tun hätte, dass er unmöglich auch noch seine Säge schärfen könne ...

Wir müssen Zeit und Mühe investieren, um am Ende Zeit zu sparen. Außerdem sorgt eine gute Planung dafür, dass wir motiviert und orientiert bleiben – sie ist wie ein Geländer, an dem wir uns entlanghangeln können.

Befürchten Sie, dass Zeitpläne Ihnen zu viel Druck machen? Ganz im Gegenteil: Sie reduzieren unseren inneren Druck, indem sie uns vor Augen halten, wann welcher Schritt und welche Entscheidung stattfinden soll. Wenn nämlich die Panik bei uns vorbeischaut (siehe der letzte Stolperstein), meinen wir oft, *sofort* die großen Entscheidungen fällen zu müssen. Und das ist natürlich Quatsch, denn Panik ist nie ein guter Ratgeber. Ein Blick auf unseren Zeitplan wirkt dann sehr beruhigend, weil wir dort sehen können, was gerade ansteht – und was wir *noch nicht* zu wissen und zu tun brauchen.

Und so geht's: Die einfachste Version eines Projektplans ist eine Zeitleiste: Dazu reichen einige aneinander geklebte Papierblätter. Ein Whiteboard oder eine Tafel haben den Vorteil, leicht Änderungen vornehmen zu können. Ziehen Sie einen langen waagerechten Strich, und unterteilen Sie ihn nach Monaten – da wir längerfristig planen, sollten es mindestens vier Monate sein.

Jetzt stellt sich die wichtige Frage: Wie lange sollten Sie für Ihr Projekt einplanen? Das ist natürlich abhängig davon, wie viel Zeit Sie in den nächsten Monaten pro Woche zur Verfügung haben. Zwei Termine mit zusammen vier Stunden sollten es möglichst sein. Für die fünf Schritte, die ich Ihnen ja schon erklärt habe, möchte ich Ihnen zwei Zeitpläne vorschlagen – der erste ist sportlich und nur zu machen, wenn Sie wirklich genug Zeit haben. Den zweiten schaffen Sie auch, wenn Sie beruflich und privat eingespannt sind.

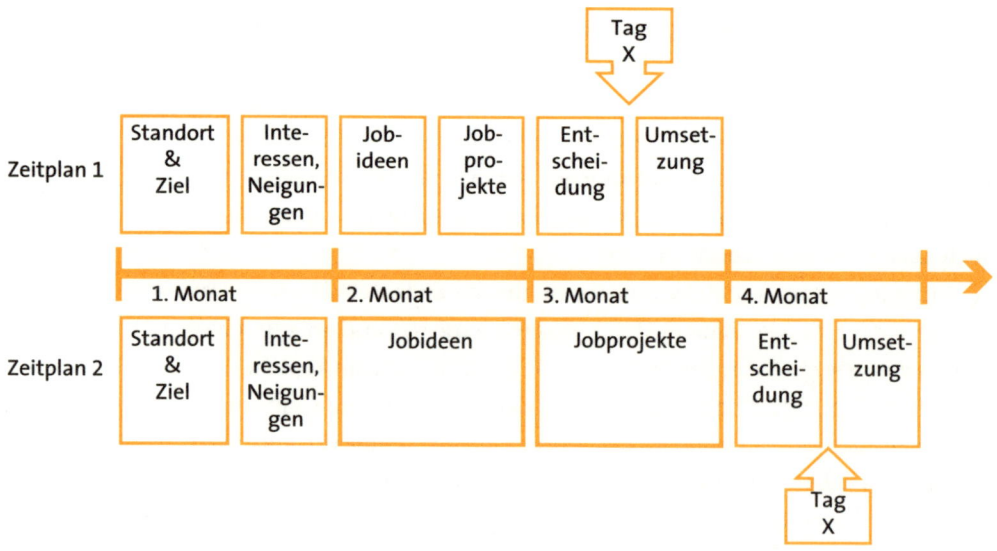

Überlegen Sie sich bitte gut, wie Ihr Plan aussehen soll. Vielleicht möchten Sie sich auch noch mehr Zeit geben? Natürlich ist dieser Plan Ihr heutiger Entwurf. Mit Sicherheit werden Sie ihn immer wieder anpassen, weil einiges länger braucht, anderes schneller läuft als geplant. Gerade in so wichtigen Zeiten der Veränderung verändern sich auch – glücklicherweise – unsere Gedanken und Einstellungen. Deshalb müssen sich unsere Pläne ständig wandeln.

Wichtig ist nur, dass Sie jede Veränderung in der Planung sofort im Zeitplan eintragen! Ihr Plan muss immer aktuell sein – sonst ist er gar nichts wert. Denn er kann Ihnen unmöglich Orientierung vermitteln, wenn Sie wissen, dass er nicht auf dem neusten Stand ist. Als wären Sie mit einem Reiseführer unterwegs, der zwanzig Jahre alt ist – Sie würden sich kaum auf ihn verlassen, oder? Das bedeutet schlicht und einfach: Korrigieren Sie Ihren Zeitplan, sobald sich Termine oder Inhalte verschieben.

Der Tag X steht für den Tag, an dem Sie Ihre Entscheidung treffen werden. Bitte nicht erschrecken! Viele von Ihnen werden denken: »Das kann ich doch *jetzt* noch nicht sagen!« Doch, können Sie. Ein fester Zeitpunkt gibt Ihnen Orientierung und wird Sie motivieren, am Ball zu bleiben. Außerdem nimmt er Ihnen, wie gesagt, den Druck, sich heute schon entscheiden zu müssen. Und am Tag X können Sie selbstverständlich auch entscheiden, dass Sie noch einen weiteren Monat brauchen. Wer im Beruf schon mit Projektarbeit zu tun hatte, weiß, dass es ohne einen Endtermin nicht geht!

Bitte tragen Sie sich diesen Tag in allen Kalendern ein, die Sie benutzen. Am besten wählen Sie einen arbeitsfreien Tag.

Und schließlich: Ihr Projektplan sollte unbedingt an Ihrem Arbeitsplatz hängen und immer sichtbar sein.

Das Schreiben und Visualisieren

Gehören Sie zu den Menschen, die ein Schachspiel allein im Kopf ohne Brett und Figuren spielen können? Oder könnten Sie eine Steuererklärung oder die Konstruktion einer komplizierten Maschine allein in Ihrer Vorstellung bewältigen? Dann gehören Sie zu einer sehr, sehr kleinen Minderheit. Wir Normalos schaffen so etwas nicht einmal ansatzweise – denn dafür ist unser

Gehirn einfach nicht konstruiert. Mit müssen sehen und anfassen, um etwas zu erfassen.

Ist es da nicht erstaunlich, dass so viele Menschen meinen, ihre berufliche Neuorientierung allein im Kopf durch Nachdenken hinzubekommen? Wenn ich jemanden, der mit seiner beruflichen Neuorientierung nicht vorangekommen ist, frage, was er bisher dafür getan hat, höre ich oft: »Ich habe schon so viel nachgedacht, aber ich komme einfach nicht weiter.« Als wäre es das Normalste der Welt, Schachspiele im Kopf zu gewinnen. Komplexe Projekte müssen auf Papier und Zeichenbrett stattfinden – nur so können sie sich wirklich entwickeln und einen Abschluss finden.

Ideen und Wünsche wollen aufgeschrieben werden, sonst werden sie höchstwahrscheinlich immer Ideen und Wünsche bleiben. Solange wir nur grübeln, bleibt wahrscheinlich alles, wie es ist. Erinnern Sie sich an das »Prägnanzproblem«? Was wir nicht aufschreiben, kann nicht prägnant werden – und dann fallen uns Entscheidungen sehr schwer. Viele Menschen wehren sich erst einmal reflexhaft gegen das schriftliche Arbeiten, sagen: »Das habe ich noch nie getan. Das brauche ich nicht. Dafür bin ich nicht diszipliniert genug.« Klingt das nach dem Selbstmanager? Eher nach den typischen Versuchen unserer inneren Bremser, die Dinge bloß nicht zu konkret werden zu lassen.

Das schriftliche Arbeiten ist das Fundament unseres Projekts,

- denn was wir aufschreiben, müssen wir ernst nehmen;
- weil eine Idee, die wir formulieren, unser Gehirn anregt, sie weiter zu entwickeln;
- weil sich Gedanken auf dem Papier zusammentun und so ganz neue Gedanken erzeugen können.

Was meinen Sie gerade dazu? Finden Sie es spontan richtig und ganz selbstverständlich, die Arbeit an Ihrem Jobentwicklungsprojekt nur noch schriftlich zu erledigen? Wunderbar!

Tagebuch: Ein absolutes Muss: Besorgen Sie sich bitte ein Tagebuch, das ausschließlich Ihrem Projekt gewidmet ist. Sie sollten es *immer* bei sich haben, um vorbeifliegende Ideen oder Beobachtungen sofort notieren zu können. Auch wenn Sie »nicht der Typ« sind, der bisher Tagebuch geschrieben hat (das sagen vor allem Männer von sich): Wenn Sie in einem Projekt für ein Unternehmen arbeiteten, wäre es doch auch ganz selbstverständlich, jeden Schritt zu dokumentieren, oder? Immer, wenn Ihnen etwas durch den Sinn geht, das für Ihr Jobprojekt bedeutsam sein könnte: Notieren Sie es! Außerdem benötigen Sie Ihr Tagebuch für die Checkpoints, die ich Ihnen gleich erklären werde.

Brainstorming und Mindmapping: Für Brainstormings, also immer, wenn Sie Ideen suchen und entwickeln wollen, sollten Sie große Papierblätter verwenden. Ein billiger DIN-A3-Malblock aus der Drogerie reicht vollkommen aus. Ein paar bunte Stifte sollten auch nicht fehlen. Das ideale Werkzeug zum Erfinden, Sammeln, Entwerfen und Spinnen ist die Mindmapping-Technik. Der Vorteil dieser Methode ist, dass sie uns zum Assoziieren einlädt und unsere Kreativität anregt. Listen von Wörtern nehmen wir dagegen als »geschlossen« wahr.

Anstatt eine Liste zu schreiben, legen Sie das Papierblatt horizontal vor sich. Verteilen Sie das, was Ihnen in den Sinn kommt, kreuz und quer über das ganze Blatt. Lassen Sie viel Platz zwischen den Wörtern – den brauchen Sie, wenn Ihnen etwas zu einem Begriff einfällt: Schreiben Sie ihn dann einfach in die Nähe. Auf diese Weise entstehen »Wolken« von Dingen, die zusammen gehören.

Zusätzlich können Sie mit Pfeilen, Symbolen und Farben arbeiten. Die Mindmapping-Arbeit ist besonders erfolgreich, wenn sie spielerisch sein darf.

Und schließlich: Bitte verzichten Sie unbedingt auf digitale Helfer, bis Sie konkrete Ergebnisse entwickelt haben. Für unser kreatives Denken sind die altmodischen Werkzeuge viel, viel besser! Das gilt in meinen Augen auch für Software, die angeblich das kreative Arbeiten fördern soll. Eine Mindmapping-Software ist prima, um Ideen zu ordnen – aber nicht, um sie zu entwickeln.

Die Bedenkenliste

Sie wissen ja: Fast immer, wenn wir uns mit Veränderungen beschäftigen, melden sich auch – früher oder später – bremsende Anteile unserer Persönlichkeit. Wir denken gerade über Interessen oder Jobideen nach, da melden sich Bedenken wie:

- »Damit kann ich doch kein Geld verdienen.«
- »Dafür fehlen mir die Fähigkeiten.«
- »Du musst Dich aber endlich entscheiden.«
- »Das geht sowieso nicht.«
- »Das setze ich doch nie um.«

Es droht die Blockade. Wir wollen uns aber nicht jedes Mal mit unserer Psyche auseinandersetzen, wenn sich Bedenken melden – sonst kommen wir nicht weiter mit unserem Projekt. Trotzdem sollten wir unsere Ängste und Widerstände ernst nehmen. Denn sonst gehen sie in den »Untergrund« und werden nur mächtiger. Die Lösung: Wir nehmen sie freundlich zur Kenntnis und notieren, was sie zu sagen haben. Mehr nicht!

Bitte hängen Sie an Ihrem Projektarbeitsplatz ein Blatt mit der Überschrift »Bedenken« auf. Warten Sie damit nicht, bis sich erste Widerstände melden – reservieren Sie ihnen prophylaktisch diesen Ort. Immer wenn ein innerer Bremser sich später zu Wort meldet, notieren Sie auf der Liste, was er zu sagen hat. Auch wenn Sie gerade so schön in Schwung sind und keine Lust auf Ihre ängstlichen und pessimistischen Seiten haben. Sagen Sie ihnen: »Ich werde mich mit dir beschäftigen, aber nicht jetzt.« Dann setzen Sie Ihre Arbeit fort. Wie wir mit unseren Bedenken weiter umgehen, werde ich Ihnen gleich erklären. Denken Sie immer daran: *Keine* Entwicklungsarbeit ohne Bedenkenliste!

Der Routinecheck

So wie man regelmäßig zu seinem Coach geht, um den Stand seines Projekts zu besprechen, sollten auch Sie in festen Abständen den Stand Ihres Projekts überprüfen. Das ist sehr wichtig, denn schnell verlieren wir die Orientierung, wenn wir eine längerfristige Aufgabe einfach nur abarbeiten.

Checkpoints

Mit Elan in ein neues Projekt zu starten, ist eine Sache. Arbeitsmoral und Disziplin auf Dauer aufrechtzuerhalten und auf Kurs zu bleiben, eine ganz andere. Davon können die meisten von Ihnen bestimmt ein Lied singen (und ich singe mit). Deshalb empfehle ich Ihnen, folgende regelmäßige Checkpoints einzurichten.

Wöchentliche Checkpoints: Nehmen Sie Ihr Tagebuch zur Hand und notieren sie dort, wie Sie den Stand Ihres Projektes gerade einschätzen:

- Wie geht die Entwicklungsarbeit voran?
- Welche Hindernisse liegen gerade im Weg?
- Wie geht es Ihnen mental und emotional?
- Was wollen Sie daher tun, ändern, anpassen?

Das ist keine große Sache. Wenn alles gut läuft, reichen dafür und für das folgende Projektbarometer zehn Minuten vollkommen aus.

Monatliche Checkpoints: Etwas mehr Zeit sollten Sie sich für den monatlichen Checkpoint nehmen. Überprüfen Sie dann bitte anhand Ihres Projektplans den Stand der Dinge. Dies ist eine gute Gelegenheit, Änderungen im Plan zu vermerken. Es geschieht nicht selten, dass unser anfänglicher Plan sich durch die intensive Auseinandersetzung mit Zielen, Interessen und Wünschen – und durch den schwächer werdenden Einfluss von Ängsten und Blockaden – wandelt. Ich erlebe es immer wieder, dass sich Menschen zu Beginn ein ziemlich enges Zeitkorsett geben. Und dann stellen sie fest, dass ihre Frage nach dem nächsten Job viel weitreichender ist als erwartet und deshalb mehr Zeit und Raum braucht als geplant.

Bitte tragen Sie jetzt die Termine für die wöchentlichen und monatlichen Checkpoints in Ihren Projektplan ein.

Projektbarometer

Diese vier Fragen sind ein kleiner Stimmungstest, den Sie für Ihre Checkpoints verwenden können. Sie sollten sich das Barometer immer dann vornehmen, wenn Sie das Gefühl haben, »unrund zu laufen«. Ich werde Sie auch während der Arbeit an den fünf Schritten immer wieder an das Projektbarometer und die folgenden Werkzeuge zur Blockadelösung verweisen.

Wie geht es mir?	*nicht gut* ⟷	*sehr gut*
Wie viel Energie habe ich für mein Jobprojekt?	*keine* ⟷	*jede Menge*
Wie pessimistisch/ optimistisch bin ich gerade?	*pessimistisch* ⟷	*optimistisch*
Wie blockiert/frei fühle ich mich innerlich?	*blockiert* ⟷	*frei*

Bitte übertragen Sie die folgenden Fragen auf ein Blatt Papier:

- Wie geht es mir?
- Wie viel Energie habe ich für mein Jobprojekt?
- Wie pessimistisch/optimistisch bin ich gerade?
- Wie blockiert/frei fühle ich mich innerlich?

Lassen Sie viel Platz für die Skalen – denn Sie werden sie häufiger benutzen. Kreuzen Sie dann mit einem roten Stift an, wie Sie sich im Moment fühlen. Das ist quasi Ihr »Referenzwert«.

Hängen Sie das Blatt dann an Ihrem Projektarbeitsplatz auf. Immer, wenn Sie das Barometer verwenden, vermerken Sie Ihre aktuelle Stimmung (deshalb sollte genug Platz für viele Kreuze sein). So stellen Sie fest, ob Sie gerade unter oder über Ihrem Durchschnitt liegen. Es ist nicht wichtig, unbedingt im Optimalbereich zu sein – Sie sollten nur wachsam sein, wenn Ihre Kreuze deutlich auf die linke Seite rutschen.

Fragen Sie sich dann ehrlich: Haben Sie nur einen schlechten Tag? Oder ist dies vielleicht ein Alarmsignal? Verliert Ihr Jobprojekt gerade an Fahrt? Droht eine mentale Sackgasse? Das sollten Sie als guter Selbstcoach unbedingt ernst nehmen und die Konflikt-Landkarte zur weiteren Klärung nutzen.

Werkzeuge zur Blockadelösung

Jetzt kommen wir zu den Werkzeugen für die weniger guten Tage. Wir haben uns ja schon ausführlich mit mentalen Blockaden und der Psychologie des Selbstmanagements beschäftigt: Das Hauptproblem in der Blockade ist, dass wir uns schnell in unsere inneren Konflikte hineinziehen lassen. Wir verlieren dann Abstand und Überblick und identifizieren uns mit einzelnen Anteilen. Dann sehen wir nur noch durch deren Augen, und unser Selbstmanagement wird wackelig.

Ich möchte Ihnen dafür drei Techniken vorstellen, die aufeinander aufbauen und Sie wieder handlungsfähig machen werden:

- Mit der Stopp-Technik gewinnen Sie erst einmal Abstand zum inneren Durcheinander.
- Mit der Konflikt-Landkarte analysieren Sie den inneren Konflikt.
- Die Ich-Bühne hilft Ihnen, den Konflikt zu lösen und zu entschärfen.

Die Stopp-Technik

Kämen Sie mental blockiert in meine Praxis, würde ich mit Ihnen zuallererst ganz in Ruhe darüber sprechen, was in Ihnen gerade vorgeht, was Sie denken und fühlen. Damit würde ich versuchen, Sie zu entschleunigen, und Ihnen helfen, Abstand zu Ihrem inneren Kuddelmuddel zu gewinnen.

Stellen Sie sich vor, Sie wollten ein Gemälde verstehen – und Sie würden mit der Nase direkt auf der Leinwand davor stehen. Würden Sie viel erkennen? Natürlich nicht. Es gäbe nur einen Fettfleck. Was müssten Sie tun? Klar, erst einmal einige Schritte zurückgehen. Genau das ist auch notwendig, wenn Sie sich blockiert fühlen. Schaffen Sie Abstand! Und halten Sie ihn. Wie das geht? Gar nicht schwierig:

1. Erkennen: Ohne Wahrnehmung keine Veränderung! Es ist sehr wichtig, dass Sie lernen, die Anzeichen einer inneren Blockade zu erkennen. Erst dann können Sie den ersten Schritt hinaus machen. Schauen Sie doch einmal auf diese Liste typischer Blockadesymptome:

- Sie fühlen sich innerlich zerrissen, ein Teil von Ihnen möchte das Gaspedal treten, ein anderer die Bremse.
- Sie fühlen sich hektisch, kopflos, energielos und/oder niedergeschlagen.
- Sie sind emotional instabil.
- Sie gehen sehr kritisch und abwertend mit sich um.
- Sie denken und sagen eher »ich muss« als »ich will«.
- Sie fühlen sich innerlich unfrei und eng.
- Sie denken sehr pessimistisch über Ihre Möglichkeiten.

Welche davon kennen Sie gut? Was passiert in der Regel bei Ihnen, wenn Sie an berufliche Veränderungen denken? Welche Gefühle und Gedanken kommen dann über Sie?

Notieren Sie hier, woran Sie in Zukunft merken können, dass Sie mental blockiert sind:

_____

_____

_____

_____

_____

Bitte achten Sie auf diese Symptome. Wenn Sie im nächsten Teil des Buches mit der Arbeit an Ihrem Projekt starten, wird es besonders wichtig sein, dass Sie ein gutes Gespür für Ihre Blockadesymptome haben. Sie können Ihre Liste auch an Ihrem Projektarbeitsplatz aufhängen, um sie immer im Blick zu haben.

2. Stopp! Okay, es ist soweit. Sie nehmen Ihre Blockade wahr? Dann ist jetzt eine schnelle Reaktion gefragt: Bevor Sie im inneren Kuddelmuddel versinken, sagen Sie ganz deutlich: »Stopp!« Als würden Sie im Zug die Notbremse ziehen. Dies *ist* ein Notfall! Auch wenn Ihr Selbstmanagement schon wackelig ist – meist ist es dennoch präsent genug, das Stopp-Signal zu geben.

3. Unterbrechen: Gleichzeitig mit dem Stopp müssen Sie aktiv werden. Unterbrechen Sie die Fixierung auf die Gedanken, die Ihre Blockade auslösen wollten. Das geht am besten, indem Sie aufstehen und sich bewegen. Atmen Sie bewusst tief ein und aus. Lenken Sie Ihre Aufmerksamkeit auf etwas ganz anderes. Schauen Sie vielleicht aus dem Fenster. So ein Verhalten erscheint Ihnen womöglich reichlich merkwürdig – aber es funktioniert. Im Coaching mache ich es genauso: Wenn ich bei meinem Gegenüber deutliche Blockadesymptome erkenne, bitte ich ihn, sofort aufzustehen und eine Weile durch den Raum zu gehen.

Nur durch starke Unterbrecher erreichen wir, dass wir wieder klarer im Kopf werden und mit Abstand auf unsere Situation schauen können. Versuchen Sie dann, mit der Brille des Selbstmanagers zu sehen. Auch wenn ein Teil von Ihnen sich klein, hilflos und verwirrt fühlt – Ihre Aufgabe ist es, sich eine erwachsene Haltung zu bewahren. Auch wenn es vielleicht merkwürdig klingt: Es ist hilfreich, sich zu sagen: »Ich bin ein erwachsener Mann.« beziehungsweise »Ich bin eine erwachsene Frau.«

Wenn so ein »kleiner Unterbrecher« nicht ausreicht und Sie sich weiterhin wirr und ungut fühlen: Beenden Sie, was Sie gerade tun – denn Sie kommen hier sowieso nicht weiter. Tun Sie nach Möglichkeit etwas, das Ihnen gute Gefühle vermittelt. Gehen Sie spazieren, setzen Sie sich in ein Café oder rufen Sie einen Freund an. Ablenkung ist immer besser, als sich weiter in die Blockade zu bohren. Machen Sie dann einen neuen Anlauf, wenn Sie sich entspannter fühlen.

4. Abstand halten: Ihnen ist es gelungen, Abstand zu gewinnen, wenn Ihre Blockadesymptome schwächer geworden sind und Sie einen klareren Kopf haben. Jetzt hat Ihr Selbstmanager das Heft wieder in der Hand! Ein gutes Zeichen ist es, wenn Sie sich und Ihre Situation relativ neutral betrachten können – wenn Sie eher denken können »Ja, das ist nicht leicht« als »Mann, bin ich blöd!«.

Mit Abstand überlegen Sie jetzt, wie Sie vorgehen möchten. Können Sie zu der Aufgabe oder Situation zurückkehren, die die Blockade ausgelöst hat? Möglicherweise reicht der Gedanke daran schon aus, um die Blockadesymptome zurückzuholen. Das ist ganz normal. Drücken Sie dann wieder die Stopp-Taste. Manchmal braucht es mehrere »Durchgänge«.

Bitte üben Sie die Stopp-Technik so oft wie möglich. Achten Sie im Alltag auf kleine Blockaden. Sie können dies übrigens tun, ohne dass es jemand mitbekommt. Je selbstverständlicher Ihnen diese Technik mit den kleinen Herausforderungen wird, desto leichter wird es Ihnen fallen, mit schwierigeren Blockaden umzugehen. Nutzen Sie Ihr Tagebuch, um Ihre Erfahrungen festzuhalten.

1. Erkennen
2. STOPP
3. Unterbrechen
4. Abstand

Um den zugrunde liegenden inneren Konflikt zu analysieren, arbeiten Sie bitte mit der Konflikt-Landkarte weiter.

Die Konflikt-Landkarte

Diese Landkarte soll Ihnen helfen, den momentanen Stand Ihrer Gedanken und Gefühle abzubilden und Ihnen dadurch bewusst zu machen. In meiner Praxis würde ich Sie bitten, mir ganz ungeschminkt zu erzählen, was Ihnen gerade durch Kopf und Herz geht. Dadurch würden wir feststellen, was in Ihnen gegeneinander kämpft. Da wir nicht miteinander sprechen können, ist diese Landkarte die »zweitbeste Lösung«.

Die Konflikt-Landkarte ist außerdem das perfekte Instrument, um sich mit den Punkten auf Ihrer Bedenkenliste zu beschäftigen.

Natürlich neigen wir alle dazu, uns selbst ein klein wenig zu beschwindeln und Unangenehmes wegzulassen oder zu verdrehen. Deshalb ist es hier besonders wichtig, dass Sie wachsam und ehrlich mit sich sind.

Brainstorming: Nehmen Sie sich ein Blatt Papier, und verwenden Sie die Mindmapping-Technik: Sammeln Sie alle Gedanken und Gefühle, die Ihnen gerade durch Herz und Kopf gehen. Schreiben Sie unbedingt *alles* ungefiltert und unzensiert auf! Es geht hier nicht um Logik oder Bewertungen; es gibt kein Richtig und kein Falsch. Trauen Sie sich, auch ganz undifferenzierte Sachen aufzuschreiben wie: »Alles doof«, »Ich habe keine Lust« oder »Das wird doch sowieso nichts«. Lassen Sie ruhig Dampf ab, meckern und klagen Sie.

Wenn Ihnen nichts mehr einfällt, lassen Sie sich bitte noch ein paar Minuten Zeit für Nachzügler. Dann machen Sie ein paar Minuten Pause. Holen Sie sich ein Getränk, schauen Sie aus dem Fenster, bewegen Sie sich ein wenig.

Wie- und Was-Fragen: Versuchen Sie mit dem Abstand des Coachs auf das Papier zu sehen: Was würden Sie sich als Ihr Coach fragen, um besser zu verstehen, was Sie dort lesen? Ein Tipp: Warum-Fragen stellt der Coach selten, weil sie meistens wenig bringen. Klüger ist es, nach dem Wie und Was zu fragen:

»Alles ist doof.« Was genau ist gerade doof? Wie fühle ich mich? Was stört mich besonders?

»Ich habe keine Lust.« Welches Gefühl steckt darin? Was demotiviert mich denn so sehr? Welche Ängste oder Befürchtungen vermute ich dahinter?

Versuchen Sie, möglichst genau zu sein. Schreiben Sie Ihre Antworten (mit einer anderen Farbe) auf das Papier. Manches wird widersprüchlich oder verwirrend sein. Natürlich – denn deshalb fühlen Sie sich schließlich blockiert.

Noch ein wichtiger Punkt: Sollten Sie jetzt unzufrieden mit sich und dem Ergebnis Ihrer Arbeit sein, ist das ein Teil Ihrer inneren Landkarte. Notieren Sie unbedingt auch, was Ihre Selbstkritik zu sagen hat. Denn oft ist es unsere kritische Haltung zu uns selbst, die aus einer Missstimmung erst eine richtig schöne Blockade macht!

Erkennen: Ist Ihnen jetzt mehr oder weniger deutlich, was in Ihnen gerade vor sich geht und was die Blockade bewirkt? Was steht in Ihnen gegeneinander? Versuchen Sie, in wenigen Sätzen zu beschreiben, welche inneren Positionen sich widersprechen. Und damit kennen Sie die Anteile Ihres Konflikts, mit denen wir jetzt weiter arbeiten.

Ein Teil von mir möchte wirklich
etwas Neues

Andererseits spüre ich Angst
– vor der Meinung anderer
– zu scheitern

Ich traue mir nur wenig zu,
misstraue mir sogar

Und ich bin AUCH optimistisch

Ich kann nicht glauben,
erfolgreich zu sein mit etwas,
das mir Spaß macht

ch würde lieber Urlaub machen

Ich hätte so gern einen
Job, der Spaß macht

Das wird doch sowieso nichts!

Warum sollte ich es
ICHT packen?

Ich kneife doch immer,
wenn's ernst wird

Ich glaube, dass mir
mein Beruf Spaß
machen kann

Andere denken doch, ich spinne!

Mit Träumereien kann ich
meine Familie nicht ernähren

Ich habe Angst, dass andere
schlecht von mir denken /
mich auslachen.

Ich fühle mich nur müde

suchen,

Ich würde lieber Urlaub machen

Ich hätte so gern einen
Job, der Spaß macht

Das wird doch sowieso nichts!

Warum sollte ich es
IICHT packen?

Ich kneife doch immer,
wenn's ernst wird

Andere denken doch, ich spinne!

Mit Traumereien kann ich
meine Familie nicht ernähren

Ich fühle mich nur müde

Ich sollte mir etwas suchen

Die Arbeit auf der Ich-Bühne

Mit dieser Technik arbeite ich schon seit vielen Jahren. Mit ihrer Hilfe können wir innere Konflikte schlichten, ohne ihre Geschichte bis tief in unsere Kindheit zurückzuverfolgen. Wenn Sie sich blockiert fühlen, findet der innere Konflikt ja jetzt und heute statt. Anstatt zu fragen, »Warum bin ich nur so (geworden)?«, ist es konstruktiver herauszubekommen, wie sich welche Anteile Ihrer Persönlichkeit in diesem Moment gegenseitig blockieren. Wenn wir diese aktuelle Dynamik verstehen, können wir Einfluss darauf nehmen und die Blockade lösen.

Im letzten Kapitel haben wir uns ja schon mit den psychologischen Grundlagen unserer »inneren Vielstimmigkeit« befasst. Vielleicht lesen Sie es noch einmal durch, wenn es Ihnen nicht mehr gegenwärtig ist. Jetzt geht es darum, unsere Persönlichkeitsanteile besser zu verstehen.

Kernaussagen identifizieren: Ausgangspunkt ist Ihre Konflikt-Landkarte. Schauen Sie sich bitte die Sätze genau an, die Sie zu Ihrer Blockadesituation formuliert haben. Es sind mindestens zwei Sätze mit sich widersprechenden Aussagen. Wenn Sie feststellen, dass mehrere Sätze im Grunde dieselbe Aussage haben, können Sie sie in einem Satz zusammenfassen. Sind zwei Aussagen ähnlich, aber nicht identisch, sollten Sie beide »im Spiel bleiben«. Ziel des ersten Schrittes ist es, Ihren Konflikt mit seinen gegensätzlichen Aussagen abzubilden.

Nehmen wir als Beispiel einige Sätze aus dem letzten Kapitel und konzentrieren sie auf ihre Kernaussagen:

A. »Ich will glücklich sein und möglichst in einer TV-Redaktion arbeiten!«

B. »Ich muss mich mit dem zufrieden geben, was ich habe.«

C. »Ich habe einige Kompetenzen, aber keine Erfahrungen auf dem Gebiet.«

D. »Ich kann nichts richtig.«

E. »Das wird doch nie was.«

Anteile charakterisieren: Jetzt stellen Sie sich vor, dass jeder dieser Sätze von jeweils einem Persönlichkeitsanteil stammt, den wir betrachten wie eine reale Person. Und jeder Satz beschreibt, was diese »Person« im Kern denkt und fühlt. Versuchen Sie, jede so genau wie möglich zu charakterisieren. Was mag sie antreiben? Was fällt Ihnen spontan zu ihr ein?

Nehmen Sie sich bitte pro Satz und Anteil je ein Blatt Papier. Für unser Beispiel könnte es so aussehen:

A. Dieser Anteil weiß genau, was er will. Ihm geht es um sein Lebensglück, und er traut sich zu sagen, was er will. Er klingt sehr erwachsen.

B. Dieser Anteil lebt wohl in einer Welt des Mangels und denkt, nicht viel verdient zu haben. Er hat vielleicht Angst, nach mehr zu streben und dann enttäuscht zu werden? Er ist wohl noch ziemlich jung.

C. Dieser Anteil weiß, was er kann – aber auch, dass ihm hier die Erfahrung fehlt. Nach Angst klingt es nicht. Ein offensichtlich erwachsener Anteil.

D. Dieser Anteil meint dagegen, gar nichts zu können. Das klingt nach Glauben und nicht nach echten Überzeugungen. Vielleicht macht dieser Teil sich selbst klein, weil er Angst hat?

E. Dieser Anteil hat wohl für seine Aussage nicht lange nachgedacht. In seiner Welt klappt bestimmt sowieso nie etwas. Der geborene Pessimist. Er könnte sich mit Anteil B sehr gut verstehen! Auch nicht sehr erwachsen.

Dieser Blickwinkel auf sich selbst ist vielleicht ungewohnt für Sie. Es geht hier nicht um brillante psychologische Analysen, sondern darum wahrzunehmen, was Sie denken, glauben und fühlen, wenn Sie den jeweiligen Satz sagen. Und das ist völlig subjektiv. Sprechen Sie ihn mehrmals laut aus, und prüfen Sie, was darin mitschwingt. Welche Stimmungen und Gefühle löst er bei Ihnen aus? Lassen Sie sich Zeit damit, und nehmen Sie sich Ihre Sätze mehrmals vor. Notieren Sie auch Mutmaßungen. Möglicherweise fallen Ihnen Dinge ein, die rational mit der Aussage gar nichts zu tun haben.

Überprüfen Sie schließlich noch einmal, ob zwei Anteile im Grunde identisch sind.

Anteile verstehen: Sie haben jetzt mehrere Blätter vor sich, die jeweils für einen Teil Ihrer Persönlichkeit stehen. Versuchen Sie, so neutral wie möglich zu bleiben – als ginge es um die Anteile einer anderen Person. Hier sind Sie als Coach und Selbstmanager gefragt; und der braucht Abstand. Bedenken Sie: Wir vertiefen einen inneren Konflikt nur, wenn wir »parteiisch« sind, die einen Teile von uns akzeptieren und mögen und die anderen ablehnen.

Ich weiß, bei manchen Teilen ist es nicht ganz leicht, sie anzunehmen. Gerade solche, die ständig kritisch sind oder uns für wertlos oder lächerlich halten. Ja, einige können richtig gemein sein. Andererseits habe ich noch nie einen Persönlichkeitsanteil erlebt, der wirklich böse ist. Ich habe die Erfahrung gemacht, dass hinter destruktiven Anteilen immer vor allem Ängste stehen. Diese Anteile stammen meist aus unseren Kindertagen, sind also psychologisch gesehen kindliche Persönlichkeiten. Diese Seiten von uns als Kinder zu betrachten, die es einfach nicht besser wissen, als so destruktiv mit uns umzugehen, macht es mir leicht, sie trotzdem anzuerkennen und zu mögen. Versuchen Sie doch bitte auch, Ihre »weniger sonnigen« Anteile durch diese Brille zu betrachten, okay?

In diesem Schritt ergründen wir ihre Motivation noch etwas genauer. Fragen Sie sich bitte für jeden Anteil:

- Was genau will er wohl erreichen – was will er vermeiden?
- Wovor hat er Angst? Was befürchtet er?
- Was könnte seine gute Absicht sein?

Gerade die letzte Frage ist sehr wichtig. Ich gehe davon aus, dass *jeder* unserer Persönlichkeitsanteile eine gute oder gut gemeinte Absicht verfolgt.

Selbst unser innerer Kritiker, mit dem es die meisten von uns ja nicht gerade leicht haben, will uns in erster Linie schützen. Er hat nämlich in Kindertagen gelernt, dass andere Menschen uns gefährlich sein können, indem sie uns auslachen, kritisieren und demütigen. Davor hat er schreckliche Angst! Und er verhindert, dass dies geschieht, indem er uns dazu bringt, uns nur nicht zu zeigen und uns immer schön defensiv zu verhalten. Man könnte also sagen, dass er uns kritisiert, damit wir nicht von anderen kritisiert werden.

Bitte notieren Sie Ihre Ergebnisse auf dem jeweiligen Blatt.

Anteile benennen: Überlegen Sie jetzt, welchen Namen Sie jedem Anteil geben wollen. Wir können nämlich dann leichter mit ihnen arbeiten. Den Teil in mir, der am liebsten alles lässt, wie es ist, weil er große Angst vor Veränderungen hat, nenne ich beispielsweise meinen »Sicherheitsbeauftragten«. Oder den, der immer meint, nicht genug zu können, meinen »Klein-Fühler«. Wichtig ist dabei, dass Sie auf abwertende Namen verzichten. Und auch wenn Sie ein Anteil stark an eine reale Person erinnert, sollten Sie ihn nicht so benennen – »Mama« oder »Onkel Otto« haben keinen Sinn, weil es ja *Ihre* Anteile sind.

Konferenz: Jetzt geht es an den runden Tisch: Legen Sie bitte die Blätter mit Ihren Anteilen vor sich im Kreis auf den Tisch. Als würden Sie die Darsteller Ihrer Ich-Bühne einladen, an einem runden Konferenztisch Platz zu nehmen. Und Sie, mit dem Abstand des Selbstmanagers, haben die Aufgabe, die Runde möglichst neutral zu moderieren.

In dieser Runde soll es um das Thema oder die Situation gehen, die dazu geführt hat, dass Sie sich unrund fühlen und sich dazu entschieden haben, Ihre Konflikt-Landkarte zu erstellen. Wenn wir an unserer beruflichen Orientierung arbeiten, sind es ja oft Ideen oder anstehende konkrete Schritte, die eine Blockade auslösen. Was immer es war, es kommt hier auf die Tagesordnung. Bitte notieren Sie dieses Thema auf einem Blatt Papier in der Mitte des Kreises. Das kann zum Beispiel sein »Mein Wunsch nach einem künstlerischen Beruf«, »Eine Selbstständigkeit als Grafikerin?« oder ganz generell »Ein neuer Job?«.

Lassen Sie jetzt die Anteile nacheinander zu dem Thema zu Wort kommen. Fragen Sie sich, was welcher Anteil dazu sagen würde. Natürlich wird es kontroverse Standpunkte geben. Versuchen Sie, Kompromisslösungen zu finden. Wie könnten Sie beispielsweise künstlerisch arbeiten und trotzdem alle Anteile ins Boot holen? Wie kann es genügend Sicherheit in der Selbstständigkeit geben? Oder wie wäre die Suche nach einem neuen Job für alle Beteiligten erträglich? Das bedeutet, dass alle Ihre Anteile sich ein Stück bewegen müssen. Aber keiner darf überfordert werden – das gilt besonders für unsere ängstlichen Kind-Anteile.

Wenn Sie eine – vielleicht auch vorläufige – Lösung gefunden haben, formulieren Sie sie und hängen sie an die Wand.

Der Entwicklungs-Helfer
- sorgt dafür, dass ich wachse und glücklich bin
- »No risk, no fun.«

Der Sicherheitsbeauftragte
- will mich beschützen vor Risiken
- »Du musst jedes Risiko vermeiden – die Welt ist gefährlich.«

Der Selbst-Bescheider
- hat große Angst davor, als egoistisch und unbescheiden zu gelten
- »Gib dich zufrieden mit dem, was du hast und kriegst.«

Der Klein-Fühler
- hat Angst, sich zu überschätzen und dafür ausgelacht zu werden
- »Das kannst du nicht – versuche es besser gar nicht.«

Der Selbst-Bewusste
- weiß, was ich kann und bin, und will, dass ich mich zeige
- »Nutze deine Fähigkeiten.«

Der Pessimist
- will mich vor dem Scheitern schützen und malt meine Chancen deshalb nur in schwarz
- »Das geht sowieso schief.«

Du solltest es auf jeden Fall versuchen

Ich mache nur mit, wenn das Risiko minimal ist

Lass uns ganz klein anfangen

Ich mache mich als Grafikerin selbstständig

Wir müssen möglichst viele Leute einbeziehen

Wir sollten es so groß machen wie möglich

Wir brauchen einen Plan für den Worst Case

Bauch-Check: Ob wir eine Blockade gelockert und einen inneren Konflikt gelöst haben, können wir *sofort* überprüfen. Fühlen Sie sich besser, gelöster und energievoller? Haben Sie wieder mehr Lust auf das Thema, um das es eben ging – zum Beispiel Ihr Jobprojekt? Es hat keinen Sinn, noch einmal darüber zu schlafen. Wenn die Arbeit auf der Ich-Bühne erfolgreich war, sollte das jetzt spürbar sein. Sie müssen die Welt ja nicht gleich rosarot sehen; auch kleine Veränderungen sind ein gutes Zeichen.

Sollte sich gar nichts verändert haben, werfen Sie bitte noch einen Blick auf Ihre Konflikt-Landkarte: Ist noch stimmig und nachvollziehbar, was dort steht?

Lesen Sie noch einmal, was ich anfangs zur Ich-Bühne geschrieben habe. Dann gehen Sie die Übung Schritt für Schritt ein zweites Mal durch. Wo haben Sie nicht genau genug geschaut? Was haben Sie ausgelassen oder vermieden?

Ich empfehle Ihnen, entweder die Blätter mit Ihren Anteilen oder kleine Karten mit deren Namen darauf an Ihrem Projektarbeitsplatz aufzuhängen. Je häufiger Sie an sie denken und vor allem im Alltag darauf achten, wann sich welcher Anteil zu Wort meldet, desto vertrauter werden sie Ihnen. Wenn neue Blockadesituationen auftauchen, sollten Sie Konflikt-Landkarte und Ich-Bühne unbedingt neu durcharbeiten.

Wahrscheinlich werden Sie dabei die meisten Persönlichkeitsanteile wieder treffen – vielleicht kommt mal ein neuer dazu, manchmal spielen nur einige mit. Aber in kurzer Zeit werden Sie Ihre »Pappenheimer« zum Thema Veränderung und Beruf gut kennen. Wenn Sie dann in einer Sackgasse festhängen, reicht oft schon der Blick auf die Karten Ihrer Anteile, um zu wissen, wer gerade auf die Bremse tritt oder kalte Füße bekommt. Je vertrauter Ihnen diese Sichtweise auf Ihr inneres System ist, desto leichter wird es Ihnen fallen, schnelle Kompromisse zu finden. Auf jeden Fall sollten Sie aber Ihre Schlussfolgerungen aufschreiben.

Ich mache häufig die Erfahrung, dass Blockaden sich schon anfangen zu lösen, wenn wir nur lernen, alle unsere Anteile und ihre Anliegen ernst zu nehmen. Wenn wir aufhören, einige Seiten von uns regelmäßig zu kritisieren und abzuwerten, weil sie uns nicht in den Kram, also in unser schönes Selbstbild passen, ist das schon die halbe Miete!

Noch ein Wort zu Coachingteams und Mentoren

Wenn wir beruflich oder privat größere Herausforderungen zu bestehen haben, holen wir uns häufig Unterstützung. Entweder wir suchen uns Gleichgesinnte und arbeiten im Team – oder wir lassen uns von einem Menschen begleiten. Bei der beruflichen Neuorientierung stehen uns manchmal Freunde zur Seite, oder wir suchen uns einen Coach. Die meisten Menschen gehen aber allein durch diesen Prozess.

Ich möchte Ihnen ans Herz legen, über zwei Möglichkeiten der Unterstützung nachzudenken:

Ein Mentor ist ein Bekannter oder Freund, der mit Ihnen gemeinsam durch Ihr Projekt geht. Seine Aufgabe ist nicht, Ihnen ungefragt Ratschläge zu geben. Er ist dazu da, sich mit Ihnen regelmäßig zu treffen – vielleicht alle zwei Wochen für eine Stunde. Sie berichten ihm dann vom Stand Ihrer Arbeit, Ihren Fragen, Erfolgen und Hindernissen. Der Mentor hört zu und fragt nach. Wenn Sie mögen, können Sie ihn natürlich auch um ein Feedback oder einen Ratschlag bitten. Er sollte aber eher Coach sein als Kommentator! Wichtig ist, dass er sich bereit erklärt, Sie regelmäßig zu treffen, bis Ihr Projekt abgeschlossen ist. Und er sollte dieses Programm natürlich kennen, um nachvollziehen zu können, woran Sie hier mit welchen Werkzeugen arbeiten.

Ein Coachingteam besteht aus drei oder vier Menschen mit einer Gemeinsamkeit: Sie arbeiten gerade an ihrer beruflichen Neuorientierung. Das Team trifft sich regelmäßig alle zwei bis maximal vier Wochen zu einem festen Termin mit einer festgelegten Struktur, die dafür sorgt, dass daraus nicht einfach nur ein gemütlicher Plausch wird. Der Ablauf könnte so aussehen:

- Jeder stellt 5 Minuten den Stand seines Projekts vor und sagt, wofür er heute Unterstützung braucht.
- Jedes Anliegen bekommt dann 20 Minuten Arbeitszeit.
- Jeder legt sich vor dem Team darauf fest, was er bis zum nächsten Treffen tun wird.

Auch wenn manchem so ein starrer Plan nicht sympathisch ist: Auf diese Weise bekommt die gemeinsame Arbeit Verbindlichkeit und erzeugt genug konstruktiven Druck, um Themen und Probleme auf den Punkt zu bringen, sich an Zeitpläne zu halten und zu handeln anstatt nur zu reden.

Teil 3
In fünf Schritten zur Entscheidung

Schritt 1: Wo stehen Sie heute – und wo wollen Sie hin?

Teil 3: In fünf Schritten zur Entscheidung

Schritt 1: Wo stehen Sie heute – und wo wollen Sie hin?

Schritt 2: Die Landkarte Ihrer Neigungen und Interessen

Schritt 3: Die Landkarte Ihrer Jobideen

Schritt 4: Von der Jobidee zum Projekt

Schritt 5: Der Weg zur Entscheidung

Hier beginnt also die Arbeit an dem Projekt Ihrer beruflichen Neuorientierung – jetzt heißt es wirklich: »Butter bei die Fische«! Ich habe Ihnen meine Konzepte erklärt, und Sie kennen die notwendigen Werkzeuge. Lassen Sie uns also loslegen – und zwar schön ruhig und bedacht. Im ersten Schritt geht es darum, zu klären, wie Ihre momentane Situation aussieht, was Sie zum Jobwechsel motiviert und wie viel Veränderung Sie überhaupt anpeilen wollen.

Wenn Sie definieren können, was Sie im Moment und in früheren Jobs unzufrieden macht(e), wissen Sie, was in Zukunft anders werden muss. Wenn Ihnen bewusst ist, welche Ressourcen Sie zur Verfügung haben, wissen Sie, wie viel Veränderung momentan überhaupt geht. Und wenn Sie Ihre beruflichen Veränderungswünsche in Ihren Lebenskontext einordnen können, wissen Sie, an welchen Werten und Zielen Sie sich orientieren können.

Am Ende des Kapitels werden Sie eine Liste der Kriterien erstellt haben, denen Ihr nächster Job möglichst entsprechen sollte. Diese Liste wird für Sie sehr wertvoll sein, wenn es im fünften Schritt darum gehen wird, die richtige Entscheidung zu treffen.

Bestandsaufnahme und Zielklärung sind wichtige Aspekte des Aufbruchs – sonst wird die Neuorientierung schnell zur Irrfahrt. Denn wenn wir zum Beispiel gar nicht wissen, wo wir am liebsten Urlaub machen wollen, wie viel Zeit und Geld wir dafür zur Verfügung haben und ob überhaupt Benzin im Tank ist, ist es wenig sinnvoll, erst einmal auf irgendeine Autobahn zu fahren und mit 200 Sachen loszubrettern.

Wie muss mein neuer Job aussehen?
Wie sieht meine Lebensvision aus?
Was macht mich heute so unzufrieden?
Wie war das eigentlich früher? Krise??
WARUM will ich mich verändern?
Stecke ich gerade mitten im Umbruch?
Wie viel Veränderung will ich überhaupt?

Meine Job-Zufriedenheits-Kriterien!

Das übersehen leider viele Menschen in ihrer Euphorie darüber, dass »jetzt alles endlich anders wird«. Sie finden den Status quo unerträglich und wollen ihn nur so schnell wie möglich hinter sich lassen. Also legen sie jede Menge Aktivismus an den Tag und rasen los. Wahrscheinlich ist das Resultat am Ende unbefriedigend, weil sie mit ihren Ergebnissen nicht viel anfangen können – oder mit leerem Tank irgendwo liegen geblieben sind.

Was suchen Sie?

Edith, 35 Jahre, Sachbearbeiterin

»Ich bin gerade dabei, in Stellenanzeigen nach einem neuen Job zu suchen. Seit Jahren sitze ich hauptsächlich vor dem Bildschirm und arbeite Zahlen ab. Spaß macht mir das nicht gerade. Und mein Chef ist nie zufrieden – jedenfalls bekomme ich so gut wie kein anerkennendes Wort. Die Arbeit im Großraumbüro macht mir auch Probleme, das ist für mich purer Stress. Und der Kontakt zu den Kollegen? Totale Fehlanzeige, jeder werkelt so vor sich hin.

Meine letzten beiden Jobs waren leider sehr ähnlich. Länger als drei Jahre habe ich es dort auch nicht ausgehalten. Wonach ich jetzt suche? Na ja, in erster Linie schaue ich, wo meine Kompetenzen gefragt sind und wo ich mich auskenne. Was völlig anderes kommt wohl nicht in Frage. Aber es könnte doch wirklich mal ein Unternehmen sein, in dem es ein bisschen netter und persönlicher zugeht ...«

Wie hoch ist die Wahrscheinlichkeit, dass Edith im nächsten Job zufrieden sein wird? Sie bewirbt sich immer wieder auf ähnliche Stellen, denn etwas anderes traut sie sich nicht zu. Großraumbüros sind in ihrer Branche nicht gerade die Ausnahme. Lob und positive Feedbacks? Damit gehen nicht viele Chefs verschwenderisch um. Und Kollegen, mit denen man sich großartig versteht, sind wohl auch keine Selbstverständlichkeit.

Wie Edith wechseln viele Menschen ihren Arbeitsplatz immer wieder, weil sie jedes Mal mit den gleichen Faktoren unzufrieden sind. Sie bewerben sich dann für ähnliche Jobs in einem ähnlichen Unternehmen, finden dort vielleicht eine Weile alles ganz toll – denn neue Besen kehren bekanntlich immer gut –, doch bald schon klagen sie wieder über Chef, Kollegen, Tätigkeit oder hohe Belastung. Wie die Reise auf einem Karussell, bei dem sich die Pferdchen nur farblich unterscheiden. Und man wechselt von einem zum nächsten und wundert sich, warum es nicht endlich mal lustiger wird oder sich die Richtung ändert.

Natürlich will ich damit *nicht* sagen, dass wir doch bleiben sollten, wo wir sind, weil wir woanders ja sowieso wieder enttäuscht werden. Mir erscheint es nur recht naiv, wenn Menschen davon ausgehen, dass es beim nächsten Mal automatisch besser werden wird, und dabei mehr auf ihr Glück bauen als auf eine vernünftige Strategie – gerade, wenn sie wie Edith auf einige Jobs zurückblicken, die sie alle auf ähnliche Weise unzufrieden gemacht haben, dann aber trotzdem immer wieder nach den gleichen Kriterien suchen. Wenn mir der Geruch von Brot Übelkeit bereitet, bin ich in Bäckereien vielleicht am falschen Platz. Wenn mir Kontakt zu Menschen am wichtigsten ist, sollte ich mich nicht immer wieder für reine PC-Tätigkeiten bewerben. Und wenn ich immer wieder Probleme mit meinem Chef habe, ist dieses Problem womöglich nicht mit einem Jobwechsel allein zu lösen.

Warum wollen Sie weg?

Menschen neigen dazu, sich auf den unangenehmen Ist-Zustand zu konzentrieren und sich weniger damit zu beschäftigen, wie ein positiver Ziel-Zustand aussehen sollte. Das eine nenne ich ein »Weg-von-Ziel« – das andere ein »Hin-zu-Ziel«. Natürlich ist es wichtig und richtig, eine schlimme Situation hinter sich zu lassen. Es wäre nur klug, sich darüber klar zu werden, unter welchen Bedingungen es uns besser gehen könnte. Deshalb frage ich Sie jetzt: Warum wollen Sie eigentlich weg?

Vielleicht erscheint Ihnen diese Frage überflüssig, weil Ihnen die Antwort sonnenklar ist? Ich habe die Erfahrung gemacht, dass es sinnvoll ist, Wechselmotive genauer zu untersuchen – vor allem, wenn sie uns allzu offensichtlich erscheinen. Beispielsweise könnte meine vordergründige Antwort sein: »Ich will gehen, weil mein Chef und die Kollegen mir ständig zuviel Arbeit aufbürden.« Dahinter steht aber womöglich: »Mir fällt es extrem schwer, nein zu sagen und Grenzen zu setzen.« Dann würde mir ein Jobwechsel allein wahrscheinlich wenig helfen.

Lassen Sie uns Ihre Motive also unter die Lupe nehmen.

Sammeln: Sammeln Sie auf einem Blatt Papier mit der Mindmapping-Technik erst einmal alles, das Ihnen an Ihrem Job missfällt. Schreiben Sie Großes und Kleines und auch scheinbar gar nicht so Wichtiges auf. Trauen Sie sich, total subjektiv zu sein – es geht hier ja nicht um Gerechtigkeit oder Ausgewogenheit. Lassen Sie ruhig Dampf ab, wenn Sie mögen!

Wenn Ihnen nichts mehr einfällt, versuchen Sie bitte, was Sie bisher aufgeschrieben haben, so genau und konkret wie möglich zu fassen. Ein Beispiel: Ihre Arbeit ist stumpfsinnig? Gilt das wirklich für jede Ihrer Tätigkeiten? Für welche besonders? Und was ist ganz okay? Liegt das nur an der Tätigkeit an sich?

Überlegen Sie auch bei jedem Punkt, welchen Anteil Sie möglicherweise daran haben. Wenn Ihr Chef die stumpfsinnigsten Aufgaben immer nur Ihnen gibt: Woran könnte das liegen? Was haben Sie bisher getan, um dies (nicht) zu ändern? Schreiben Sie auch Hypothesen und Vermutungen auf.

Formulieren: Wenn Sie glauben, dass Ihre Sammlung komplett ist, geht es einen Schritt weiter: Markieren Sie die Punkte, die Sie als besonders belastend empfinden und die entscheidend dafür sind, dass Sie sich einen neuen Job wünschen. Eine Tabelle dazu finden Sie auf Seite 112/113.

Formulieren Sie dann jeden davon in einem möglichst prägnanten Satz. Zum Beispiel: »Es langweilt mich, 80 Prozent meiner Arbeit am PC zu sitzen« oder »Ich habe kaum Entscheidungsfreiräume«. Tragen Sie Ihre Sätze in die erste Spalte der Tabelle ein. Sollte es Ihnen zu eng sein, übertragen Sie sie doch auf ein Blatt Papier.

Bewerten: Bewerten Sie dann jeden Punkt in der zweiten Spalte danach, wie sehr er Sie in den letzten zwölf Monaten belastet hat, mit:

☹ = etwas
☹☹ = ziemlich
☹☹☹ = sehr

Welches Bild ergibt sich aus der Verteilung? Sind es wenige Gründe oder vielleicht sogar nur einer, der Sie zum Wechsel bewegt? Oder sind es mehrere, die erst in der Summe Ihren Job zum »toten Pferd machen«?

Blick zurück: Im Coaching würde ich Sie nicht nur zu Ihrer aktuellen Situation befragen; es würde mich auch interessieren, welche Erfahrungen Sie in früheren Jobs gemacht haben:

Welche Tätigkeiten würden Sie als die drei wichtigsten Ihrer bisherigen Karriere beschreiben? Bitte tragen Sie diese mit einem Stichwort oben in die Tabelle ein. Überprüfen Sie dann bitte jeden Job auf die Faktoren, die *heute* Ihre Unzufriedenheit ausmachen. Welche Rolle spielten sie damals? Waren sie:

☺ ☺   = gut
☺   = okay
☹   = nicht so gut
☹ ☹   = gar nicht gut?

Wenn wir gemeinsam vor Ihren Ergebnissen säßen, wäre es bestimmt interessant, darüber zu sprechen, ob wir eine Regelmäßigkeit darin entdecken können:

- Waren Sie oft unzufrieden oder generell eher zufrieden?
- War Ihre Unzufriedenheit immer ähnlich motiviert, oder waren es jeweils andere Punkte?
- Was fällt Ihnen noch auf und ein?

Bitte notieren Sie Ihre Schlussfolgerungen:

_____

_____

_____

_____

_____

Was macht Sie unzufrieden	Bewertung	Job 1: _____
1._____ _____ _____	☹ ☹☹ ☹☹☹	☺ ☺ ☺ ☹ ☹☹
2._____ _____ _____	☹ ☹☹ ☹☹☹	☺ ☺ ☺ ☹ ☹☹
3._____ _____ _____	☹ ☹☹ ☹☹☹	☺ ☺ ☺ ☹ ☹☹
4._____ _____ _____	☹ ☹☹ ☹☹☹	☺ ☺ ☺ ☹ ☹☹
5._____ _____ _____	☹ ☹☹ ☹☹☹	☺ ☺ ☺ ☹ ☹☹
6._____ _____ _____	☹ ☹☹ ☹☹☹	☺ ☺ ☺ ☹ ☹☹
7._____ _____ _____	☹ ☹☹ ☹☹☹	☺ ☺ ☺ ☹ ☹☹
8._____ _____ _____	☹ ☹☹ ☹☹☹	☺ ☺ ☺ ☹ ☹☹

Job 2: _____	Job 3: _____	Was wäre die beste Lösung dafür im nächsten Job?
☺ ☺ ☺ ☹ ☹ ☹	☺ ☺ ☺ ☹ ☹ ☹	_____ _____ _____
☺ ☺ ☺ ☹ ☹ ☹	☺ ☺ ☺ ☹ ☹ ☹	_____ _____ _____
☺ ☺ ☺ ☹ ☹ ☹	☺ ☺ ☺ ☹ ☹ ☹	_____ _____ _____
☺ ☺ ☺ ☹ ☹ ☹	☺ ☺ ☺ ☹ ☹ ☹	_____ _____ _____
☺ ☺ ☺ ☹ ☹ ☹	☺ ☺ ☺ ☹ ☹ ☹	_____ _____ _____
☺ ☺ ☺ ☹ ☹ ☹	☺ ☺ ☺ ☹ ☹ ☹	_____ _____ _____
☺ ☺ ☺ ☹ ☹ ☹	☺ ☺ ☺ ☹ ☹ ☹	_____ _____ _____
☺ ☺ ☺ ☹ ☹ ☹	☺ ☺ ☺ ☹ ☹ ☹	_____ _____ _____

Lösungen finden: Und schließlich möchte ich Sie bitten, sich der letzten Spalte der Tabelle zu widmen. Betrachten Sie jeden Punkt, der Sie unzufrieden macht, und fragen Sie sich, was Sie in Zukunft brauchen und/oder tun können, um in dieser Hinsicht zufrieden zu sein.

Wenn beispielsweise links steht »Ich fühle mich von meinem Chef ausgenutzt« oder »Ich bekomme viel zu wenig Geld für das, was ich leiste«, dann könnte rechts stehen »Ich lerne, nein zu sagen und mich besser abzugrenzen« oder »In meinem nächsten Job will ich mindestens 2 300 € netto verdienen«.

Versuchen Sie, Lösungen zu formulieren, die Sie sich zutrauen, schon morgen anzugehen – also bitte keine Fern- oder reinen Wunschziele nach dem Motto »Schön wär's, aber ich krieg das sowieso nie hin …«. Machen Sie es lieber eine Nummer kleiner und damit sofort erreichbar.

Zeiten des Um- und Aufbruchs

Es gibt viele Gründe für den Wunsch nach beruflichen Veränderungen: Oft ist es Unzufriedenheit, nicht selten Überlastung. Manchmal sind es verlockende Jobangebote oder der Anruf eines Headhunters, die uns motivieren, unsere Koffer zu packen. Und manchmal steht einfach der nächste Schritt auf der Karriereleiter an.

Es gibt aber noch eine Motivation zur Veränderung, die in unserer Persönlichkeitsentwicklung begründet ist – und die wird oft übersehen oder unterschätzt:

Von unseren ersten Schritten in Studium oder Ausbildung bis zum Tag der Pensionierung vergehen rund 45 Jahre. In dieser Zeit durchlaufen wir verschiedene Lebens- und Entwicklungsphasen, in denen sich unsere Persönlichkeit und unsere Werte und Bedürfnisse verändern. Mit zwanzig sehen wir uns und die Welt natürlich anders als mit sechzig. Diese Veränderungen spiegeln sich auch in unserem Berufsleben wider: Anfangs geht es den meisten darum, sich zu etablieren und ihren Platz in der Arbeitswelt zu finden. Dann sind Aufstieg, Verdienst und Status wichtige Themen – oft verbunden mit einem hohen beruflichen Engagement. Das Leben wird komfortabler, Bindungen werden konstanter, Themen wie Verantwortung, Familiengründung und finanzielle Absicherung stehen im Mittelpunkt. Unsere persönliche und berufliche Identität gewinnt an Kontur und wird stabiler.

Zwischen Mitte und Ende dreißig haben die meisten Menschen materiell und beruflich einiges erreicht. Für viele verlieren Geld und Status jetzt als Motivation an Bedeutung. Je älter wir werden, desto stärker rücken Fragen in den Vordergrund wie: Wie und was will ich wirklich beruflich tun? Was ist für mich persönlich sinnvoll? Welchen Stellenwert soll die Arbeit in meinem Leben haben? Was möchte ich einmal weitergeben?

Diese Beschreibung ist natürlich recht pauschal und trifft nicht auf jeden zu. Wichtig finde ich anzuerkennen, dass unsere Lebensziele und -werte sich während unseres Berufslebens wandeln. Es wäre doch auch merkwürdig, wenn das, was uns mit Anfang zwanzig motiviert und bedeutsam erscheint, uns mit vierzig oder sechzig immer noch gleichermaßen wichtig wäre, oder? Es gibt natürlich Menschen, für die es unverändert ihr ganzes Leben lang um Geld und Gewinnen geht. Ihre Definition von Erfolg und einem erfüllten Berufsleben bleibt womöglich ein halbes Jahrhundert konstant. Aber das ist in meinen Augen die Ausnahme. Für die meisten Menschen bedeutet Erfolg in der Lebensmitte etwas anderes als in ihrer Jugend.

Es ist also ganz natürlich, dass wir Zeiten des Um- und Aufbruchs erleben – für viele sind dies keine einfachen Zeiten. Denn die alten Antworten stimmen auf einmal nicht mehr. Unsere veränderten Sichtweisen, Wünsche und Werte verlangen nach neuen Antworten und Lösungen. Die Frage »Wie will ich arbeiten?« ist nur schwer zu trennen von »Wie will ich leben?«. Und wer schüttelt die Antwort darauf schon mal eben aus dem Ärmel?

Zwischen 35 und 45 erleben viele Menschen so eine Zeit des Umbruchs. Manche sind verwundert darüber, dass Ihnen eine Arbeit keine Freude mehr macht, die für sie lange Zeit gut und richtig war. Einige geraten in heftige Krisen, weil sie diesen schleichenden Prozess so lange wie möglich ignoriert haben. Eines Tages kommen sie aber nicht mehr an der Einsicht vorbei, dass ihr Job ein totes Pferd ist, das nicht mehr zu reanimieren ist.

Ich erlebe es nicht selten, dass sich Menschen in dieser Zeit zum ersten Mal eingestehen, dass ihnen ihre Arbeit noch nie wirklich entsprach. Der Grund dafür ist häufig, dass sie sich in jungen Jahren ohne echtes Interesse für ihren beruflichen Weg entschieden haben – weil sie damals keine bessere Alternative wussten, Freunde und Eltern dazu geraten hatten oder weil sie meinten, später noch die Weichen stellen zu können. In der Mitte ihres Berufslebens fragen sie sich dann zum ersten Mal aufrichtig, was sie wirklich wollen.

Je länger man versucht, sich an so zentralen Fragen vorbeizumogeln, desto heftiger rüttelt es an den Fundamenten, wenn sie plötzlich vor der Tür stehen! Viele versuchen es so lange wie möglich mit den Rezepten und Antworten von vorgestern: Weiter auf der Karriereleiter, höheres Gehalt, höhere Herausforderungen, mehr Verantwortung – also einfach weiter im Text, dann wird es schon irgendwie besser werden. Aber das ist natürlich nur vordergründig einfacher und bequemer, und irgendwann geht es nicht mehr weiter. Mit einem abgelaufenen Flugticket reist es sich nicht gut.

Warum ich Ihnen das alles erzähle? Ich möchte Sie für die Frage interessieren, wie weitreichend *Ihr* Wunsch nach beruflicher Veränderung ist. Geht es bei Ihnen auch um mehr als nur den »nächsten Job«? Sind Sie, ist Ihr Leben womöglich gerade in einer Phase des Umbruchs?

Gedankenstütze: Brachten die letzten Seiten bei Ihnen etwas zum Schwingen? Gingen Ihnen Gedanken durch den Kopf, die für Ihren Neuorientierungsprozess wichtig sein könnten? Dann lesen Sie bitte nicht weiter, ohne diese Gedanken formuliert zu haben:

_____

_____

_____

_____

_____

Ein Blick nach übermorgen

So mancher schaut ziemlich hilflos, wenn ich ihn nach seiner »Lebensvision« frage (was ich gern tue!). Viele meinen spontan, dass sie »so etwas« gar nicht haben. Oder dass sie noch nie darüber nachgedacht haben. Helmut Schmidt soll ja einmal gesagt haben, »wer Visionen hat, sollte zum Arzt gehen«. Na ja, das sehe ich etwas anders.

Egal, wie klein oder groß Ihr nächster beruflicher Schritt sein soll – ich empfehle Neuorientierern, auch einmal einen weiten Blick nach vorn zu werfen. Denn der Blick in unsere fernere Zukunft hat eine ganz andere Qualität als die Frage nach den nächsten Jahren: Wenn wir nämlich daran denken, wie unser nächster Job aussehen soll, gehen wir immer von unseren heutigen Bedürfnissen und Einschränkungen aus. Wir »verlängern unsere Gegenwart einfach in die Zukunft«, wie wir mit dem Lineal eine Linie ziehen.

Fragen wir uns aber, wie wir in zwanzig Jahren leben und arbeiten wollen, funktioniert dies nicht mehr. Dazu ist diese Zeit zu weit entfernt. Für eine Antwort greifen wir deshalb auf andere Informationsquellen unseres Hirns zurück: auf unsere Fantasie. Und die speist sich nicht aus unserem heutigen Kleinklein, sondern aus unseren Werten, »großen Zielen« und unserer Persönlichkeit – also aus dem, was uns im Kern ausmacht. Wir sehen unser Leben dann wie aus einer höheren Perspektive, und das macht die Sache spannend!

Robert, Anfang 30

Robert kam zu mir, um seine nächsten Karriereschritte zu klären. Ich fragte ihn, wo er sich mit Mitte 50 sieht. Er reagierte erst einmal verwirrt und hatte darauf spontan keine Antwort, nahm die Frage aber mit nach Hause. Später sagte er mir, dass er zwar anfangs etwas ratlos war, den Gedanken an seine noch so ferne Zukunft aber immer interessanter fand. Er entwickelte ein Bild von einem Leben auf dem Land. Dort würde er selbstständig arbeiten, verbunden mit beruflichen Reisen, möglicherweise als Berater oder Trainer. Ihm gefiel dieses Bild. Momentan arbeitete er allerdings im Vertrieb eines großen Konzerns und lebte in der Großstadt. Robert nahm sehr ernst, was er über sich aus seiner Lebensvision gelernt hatte. Zwar war es für ihn noch nicht die Zeit, sie umzusetzen, aber er betrachtete sie als ein Fernziel, das ihm von Herzen entsprach.

Ich habe die Erfahrung gemacht, dass Menschen sehr unterschiedlich mit dieser »Frage nach dem Übermorgen« umgehen. Einige sprudeln nur so vor Ideen und Bildern ihrer Zukunft, bei anderen tut sich erst einmal gar nichts. Manche beschäftigen sich gern damit, und andere schrecken eher davor zurück. Das Besondere an der Frage nach unserer Vision ist, dass wir kaum stimmige Antworten finden, wenn wir nur unsere Vernunft befragen. Antworten, die uns weiter bringen, sind eher sinnlicher Natur – sie bestehen aus Bildern, Fantasien, Szenen und Gefühlen.

Robert sprach über seine Zukunftsvorstellungen ungefähr so: »Ich sehe mich an einem Schreibtisch sitzen, der in einem Dachzimmer steht. Ich blicke auf weites Land, Wiesen oder Felder. Ich höre Menschen, die im Haus sind – oh ja, es ist richtig Leben in der Bude! Und ich fühle mich so frei und zufrieden. In meinem Kopf ist eine Weite und Leichtigkeit, die ganz neu ist. Auch wenn ich meine Arbeit hier vorbereite – ich fühle mich frei, sie so zu gestalten, wie ich es für richtig halte. Das ist einfach großartig.« Über seine Fantasie wurde Robert deutlich, welche Qualitäten ihm in seinem Leben wirklich wichtig sind.

Der »Blick nach übermorgen« hat nicht zum Ziel, unser Leben sofort in eine völlig neue Bahn zu lenken (auch wenn dies natürlich auch eine Konsequenz sein kann). Wenn uns unsere Vision bewusst ist, können wir uns überlegen, wann wir sie auf welche Weise in unser Leben integrieren wollen. Vieles von dem, was wir einmal tun wollen, passt vielleicht noch gar nicht in unser heutiges Leben. Weil wir erst einmal unsere Kinder großziehen wollen, ein finanzielles Polster brauchen oder eine zusätzliche Ausbildung. Aber kleine Schritte in diese Richtung können wir womöglich heute schon gehen.

Rattert es jetzt in Ihrem Kopf? Haben Sie sich beim Lesen eben schon gefragt, was Sie denn über *Ihre* fernere Zukunft wissen? Ich möchte Sie einladen, sich jetzt dafür Raum und Zeit zu nehmen. Werber und Designer vermitteln ihre Ideen gern mit Hilfe eines »Moodboards«, also einer Collage aus Text und Bild, die eine Stimmung, ein Gefühl und die Essenz einer Idee vermitteln soll. Um ein Moodboard geht es auch jetzt.

Setzen Sie sich mit genug Papier an einen ruhigen, angenehmen Ort ohne Ablenkungen. Machen Sie es sich dort so gemütlich wie möglich. Nehmen Sie sich eine gute Stunde Zeit – jeder Druck ist für diese Aufgabe absolut kontraproduktiv.

Fantasieren: Entscheiden Sie sich dann, an welchen Zeitpunkt in Ihrer Zukunft Sie sich mental versetzen möchten. Ungefähr zwanzig Jahre Abstand sollten es schon sein. Schreiben Sie das Datum und Ihr Alter auf: »Es ist 2035, und ich bin heute 60 Jahre alt.« Lassen Sie dann Ihre Gedanken schweifen, träumen Sie, lassen Sie Bilder und Ideen in Ihnen aufsteigen. Zwingen Sie bitte nichts herbei! Möglicherweise passiert erst einmal gar nichts. Versuchen Sie nicht, sich irgendwelche Fakten auszudenken wie »Ich verdiene 120 000 Euro im Jahr«. Gehen Sie sinnlich vor, hören Sie darauf, was Bauch und Herz dazu sagen. Sammeln Sie alles, das Ihnen in den Sinn kommt – das können Fragmente, Bilder, Szenen oder einzelne Wörter sein. Auch wenn es Ihnen komisch oder unpassend erscheint. Und konzentrieren Sie sich nicht nur auf den Beruf, sondern schauen Sie auf Ihr Leben als Ganzes. Wenn Ihnen etwas zum Thema Beruf in den Sinn kommt, okay – wenn nicht, ist das auch in Ordnung.

Visualisieren: Beginnen Sie im Anschluss, Wörter, Bilder, Fotos, Symbole zu sammeln, die Ihre Vision ausdrücken. Lassen Sie schrittweise eine Collage entstehen. Diese Aufgabe endet nicht nach dieser einen Stunde. Nehmen Sie sie doch mit in Ihren Alltag, und achten Sie weiter darauf, was Ihnen in den Sinn kommt. Vielleicht begegnen Ihnen auch Impulse von außen: Fotos in Magazinen, Gegenstände, Geschichten – ergänzen Sie Ihre Sammlung gern mit Bildern oder Zeichnungen. Vielleicht sehen Sie einen Bürostuhl und denken spontan: Das ist genau der Stuhl, auf dem ich einmal sitzen und arbeiten werde. Machen Sie ein Foto davon für Ihre Collage. Ihrer Kreativität sind hier wirklich keine Grenzen gesetzt.

Festhalten: Wie viel Zeit Sie mit dieser Aufgabe verbringen möchten, liegt natürlich bei Ihnen. Auf jeden Fall sollten Sie aber schriftlich festhalten, was Ihnen bei Ihrer Visionsfantasie in den Sinn gekommen ist.

Für die Arbeit in diesem Kapitel reicht es auf jeden Fall, wenn Sie sich hier die wichtigsten Punkte notieren:

_____

_____

_____

_____

Noch ein Tipp: Wenn Sie sich intensiver mit Ihrer Visions-Collage beschäftigen, hat sie unbedingt einen Ehrenplatz verdient, an dem Sie sie möglichst oft sehen und sich inspirieren lassen können. Vielleicht werden Sie dann überrascht sein, welche Wirkung auf Ihr Leben schon heute davon ausgehen kann.

Job-Tuning oder Neustart?

Wenn sie von beruflicher Neuorientierung lesen, denken viele Menschen, damit ist grundsätzlich ein kompletter Neustart gemeint. Und davor schrecken viele zurück. Denn auch wenn sie noch so gern etwas völlig anderes tun würden – ihre derzeitige Situation oder mentale Verfassung lässt aber scheinbar keine denkbare Möglichkeit für große Veränderungen. Dann fragt sich so mancher: Geht es auch etwas kleiner? Kann ich nicht auch eine kleine Veränderung anstreben? Oder sollte es doch immer der ganz große Schritt sein?

Gehen Ihnen solche Fragen auch durch den Kopf? Dann möchte ich Sie beruhigen: Ich halte es überhaupt nicht für konstruktiv, zu hohe Erwartungen an sich zu haben und sich zu große Ziele zu setzen. Denn ein großer Schritt, über den Sie stolpern und den Sie nicht gehen, nimmt Ihnen nur den Mut, sich überhaupt zu bewegen. Ein kleiner Schritt, den Sie schaffen, ermutigt Sie und erhöht damit die Wahrscheinlichkeit, dass Sie auch weitere, vielleicht größere Schritte in Angriff nehmen.

Wenn jemand beschließt, endlich seine Karrierestrategie von reaktiv auf aktiv zu schalten, und dann eine kleine berufliche Veränderung in Eigenregie schafft, verbessert er vor allem sein Selbstmanagement. Er lernt durch diese Erfahrung, dass er entscheiden und handeln kann. Und so wird er Stück für Stück die Weichen zu einem (Berufs-)Leben stellen, das seinem Wesen und seinen Wünschen immer mehr entspricht. Auch wenn einige Jobratgeber den Eindruck erwecken: Nicht jeder Mensch hat den Drang zur Selbstständigkeit oder träumt von einem kreativen oder sozialen Beruf. Die eigene Event-Agentur, eine Software-Schmiede oder das Café in Eigenregie sind ganz bestimmt nicht für jeden der Weg zum Glück!

Ich werde später auf das Thema noch ausführlicher eingehen, hier möchte ich diesen Gedanken schon einmal ansprechen: Man kann den Wechsel auch im Bleiben finden. Berufliche Veränderung kann heißen, an seinem Arbeitsplatz zu bleiben, aber sein Aufgabenprofil zu verändern. Oder im Unternehmen zu bleiben und in einer anderen Abteilung zu arbeiten. Oder der Branche treu zu bleiben, aber den Arbeitgeber zu wechseln oder die Seite und beispielsweise vom Vertrieb in den Einkauf zu gehen. Ich nenne solche kleineren Veränderungen »Job-Tuning« – manchmal sind sie die richtige Lösung für den Moment. Und vielleicht wird erst der übernächste Job ein ganz anderer sein. Der Impuls »Einfach nur ganz schnell und möglichst weit weg von hier!« ist selten ein guter Ratgeber.

Das gilt ganz besonders für Menschen, die sich ausgebrannt fühlen und mit den Nerven am Ende sind. Manchmal kommt jemand zu mir mit dem Wunsch, jetzt die beruflichen Weichen ganz neu zu stellen, aber seine Batterien sind offenbar fast leer, und er zeigt deutliche Symptome von Überlastung. Wie sollte er in naher Zukunft Berge versetzen können, wo er doch seinen Alltag kaum noch bewältigen kann? Wenn jemand kurz vor dem Burn-out steht, ist es wahrscheinlich keine gute Idee, gerade jetzt beispielsweise eine Selbstständigkeit zu starten.

Dann sind mehr als kleine Schritte einfach nicht drin! Es sei denn, man zieht eine längere Krankschreibung oder eine »Notkündigung« in Erwägung. Aber auch dann geht es erst einmal darum, wieder Substanz aufzubauen, bevor es an die Themen einer Neuorientierung geht.

Standortbestimmung: Ich möchte Sie am Ende dieses Kapitels zu Ihrer Standortbestimmung fragen: Wie viel Veränderung geht für Sie im Moment? Wie viel trauen Sie sich wirklich zu? Wie groß kann Ihre berufliche Veränderung sein – und wie groß muss sie unbedingt sein? Bitte schreiben Sie hier auf, was Sie heute darüber denken:

_____

_____

_____

_____

Natürlich sollen Sie an dieser Stelle keine abschließende Entscheidung treffen. Sie können selbstverständlich parallel nach kleinen und großen beruflichen Projekten forschen. Ich werde Sie aber später, vor Ihrer Entscheidung, noch einmal bitten zu lesen, was Sie hier und heute notiert haben.

Ihre Kriterienliste

Haben Sie die Aufgaben dieses Kapitels abgeschlossen? Dann brauchen Sie jetzt nur noch Ihre Ergebnisse zusammenzutragen.

Kriterienliste: Bitte lesen Sie noch einmal durch, was Sie sich zu den Übungen Wechselmotive *(in der Spalte* Was wäre die beste Lösung dafür im nächsten Job? *sowie Ihre Schlussfolgerungen unter* Blick zurück*),* Gedankenstütze, Moodboard *und* Standortbestimmung *aufgeschrieben haben. Markieren Sie dann mit einem farbigen Stift die Kriterien, die für Ihre berufliche Zufriedenheit von besonderer Bedeutung sind und deshalb bei Ihrer zukünftigen Entscheidung berücksichtigt werden sollten.*

Fragen Sie sich bei jedem davon: Kann ich mir eine richtig gute Arbeit vorstellen, die dieses Kriterium nicht erfüllt? Tragen Sie dann alle markierten Begriffe hier ein:

_____

_____

_____

_____

Achtung Stolperstein!

So wichtig unsere Zufriedenheitskriterien sind, sie geben uns kaum Orientierung. Das können nur Ideen und Inhalte, die wir als attraktiv empfinden. Je genauer unser Bild davon ist, was wir tun möchten, desto leichter ist es, die richtige Richtung dahin einzuschlagen.

Unsere Kriterienliste hilft uns dann dabei, zu überprüfen, wie gut eine Jobidee wirklich zu uns passt. So mag mir zum Beispiel die Vorstellung, selbst eine Software zu entwickeln und auf den Markt zu bringen, noch so sehr gefallen – wenn ich von mir weiß, dass ich ein hohes Maß an Sicherheit und festen Strukturen brauche, sollte ich vielleicht lieber darauf verzichten.

Aus diesem Grund werden wir erst beim 5. Schritt auf Ihre Kriteriensammlung zurückkommen, wenn es darum geht, Ihre Jobprojekte zu bewerten.

Checkpoint

Jetzt ist es Zeit, den Selbstcoachinghut aufzusetzen und zu überprüfen, wo Sie nach dem ersten Schritt stehen. In einem Arbeitsbuch wie diesem ist der Übergang vom »Lese- und Infoteil« zum ersten Arbeitsabschnitt immer etwas heikel: Es besteht nämlich die Gefahr, vom gemütlichen Lesen *nicht* ins Tun zu kommen. Natürlich ist es okay, ein Kapitel erst einmal zu überfliegen, um herauszubekommen, worum es geht und was hier von Ihnen verlangt wird.

☐ *Haben Sie sich bis hierher auf das Lesen beschränkt? Dann ist hier erst einmal Schluss!*
Blättern Sie dann bitte jetzt zurück zum Anfang des Kapitels, legen Sie sich Papier und Stifte bereit – und legen Sie los. Viel Spaß bei der Arbeit!

☐ *Haben Sie dieses Kapitel bearbeitet?*

Werfen Sie dann erst einmal einen Blick auf Ihr Projektbarometer, und tragen Sie dort ein, wie Sie sich momentan fühlen.

☐ *Haben Sie das Gefühl, alles ist im grünen Bereich, und die Arbeit macht Spaß?*
Dann nehmen Sie die Tür ins nächste Kapitel.

☐ *Oder zeigt Ihr inneres Barometer eher auf Schlechtwetter? Sind Sie eher lust-los, pessimistisch oder unmotiviert?*
Dann ist es jetzt wichtig, innezuhalten und zu prüfen, was Ihnen gera-de auf Hirn und Laune drückt. Auch wenn Sie vielleicht gerade so etwas denken wie: »Ist doch egal. Ich will vorankommen, da mache ich einfach weiter im Buch.« Das wäre die Augen-zu-und-durch-Strategie. Glauben Sie mir: Wenn Sie hier festhängen, wird es ganz bestimmt im nächsten Kapitel nicht lockerer.
Also: Stopp! Jetzt sind Sie als Coach gefragt: Erstellen Sie möglichst sofort Ihre Konflikt-Landkarte und checken dann Ihre Ich-Bühne.

Bitte gehen Sie erst weiter zum nächsten Kapitel, wenn Sie Missstimmungen und Blockaden geklärt haben und sich innerlich gut aufgestellt fühlen.

Schritt 2: Die Landkarte Ihrer Neigungen und Interessen

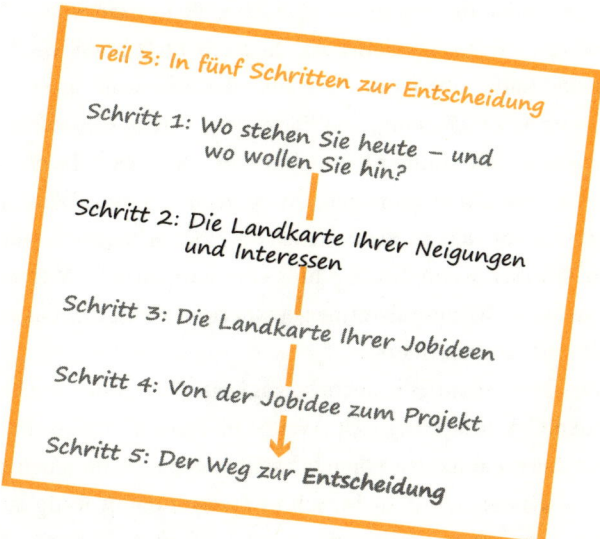

Teil 3: In fünf Schritten zur Entscheidung

Schritt 1: Wo stehen Sie heute – und wo wollen Sie hin?

Schritt 2: Die Landkarte Ihrer Neigungen und Interessen

Schritt 3: Die Landkarte Ihrer Jobideen

Schritt 4: Von der Jobidee zum Projekt

Schritt 5: Der Weg zur Entscheidung

In diesem Kapitel wird sich alles um Ihre Neigungen, Träume, Interessen und Wünsche drehen. Ich habe Ihnen ja schon erklärt, dass sie für mich der Nährboden sind, aus dem die unterschiedlichsten Jobideen entstehen können. Je nachdem, wie breit Ihr Blick hier ist und wie intensiv Sie sich mit Ihren Interessen beschäftigen, desto größer wird die Chance sein, dass Ihnen Jobs in den Sinn kommen, an die Sie bisher nicht gedacht haben. Aber das habe ich Ihnen ja schon alles erzählt.

Da ich Ihnen im Anschluss an die Arbeitsanweisungen noch einiges zum Thema Ideenfindung erzählen werde, empfehle ich Ihnen, erst einmal das ganze Kapitel durchzulesen und dann mit der Arbeit zu starten.

Vom weißen Blatt zur Landkarte

Am Anfang steht ein großes, weißes Blatt Papier. Groß sollte es sein, um ihrem Denken und Ihrer Fantasie genug Raum zu geben – auch wenn so viel Raum erst einmal einschüchternd wirken kann. Praktisch ist Flipchartpapier, aber auch zwei oder drei zusammengeklebte Blätter eines Malblocks sind völlig okay. Wenn Sie im Laufe der Arbeit mehr Platz brauchen, können Sie ja einfach neue Blätter oben, unten, rechts oder links »andocken«.

Es wäre wirklich nicht klug, aus Platzmangel neue Gedanken irgendwo »reinzuquetschen« oder immer kleiner zu schreiben. Ich habe oft erlebt, dass Menschen, die ohnehin dazu neigen, ihren Gedanken und Wünschen wenig Raum zu geben, versuchen, diese Arbeit in einer winzigen Kladde zu machen – kein Wunder, wenn das Ergebnis eher karg ausfällt. Wir würden uns doch auch nicht in die Besenkammer einsperren, wenn uns danach ist, mal so richtig durchzuatmen, oder?

Alles, was Sie jetzt noch brauchen, sind ein paar Stifte, vielleicht einen inspirierenden Ort und genug Zeit. Wenn Ihr Projektzeitplan drei oder vier Wochen für diese Landkarte vorsieht, sollten Sie sich die auch unbedingt nehmen! Das Klassenziel ist nicht, schon morgen damit fertig zu sein. Zuerst kommen uns nämlich meistens solche Gedanken, die wir ohnehin oft denken und gut kennen. Würden Sie also diesen Abschnitt schnell für beendet erklären, stünden auf Ihrem Blatt mit Sicherheit nur Interessen und Neigungen, die Ihnen sowieso bekannt sind und in ein Selbstbild passen, das wahrscheinlich eher begrenzt ist. Richtig spannend wird es erst, wenn Sie zum ersten Mal glauben, dass Ihnen jetzt nichts mehr einfällt: Dann sollten Sie unbedingt dranbleiben – denn mit großer Sicherheit werden noch weitere Gedanken kommen.

Achtung Stolperstein!

Es geht hier überhaupt nicht darum, dass alles »schön ordentlich aussieht«. Versuchen Sie bitte auf keinen Fall, zu ordnen und zu strukturieren – auch wenn Sie normalerweise so vorgehen würden. Denn Ihr Gehirn kann nicht gut kreativ in die Weite denken und gleichzeitig auf Strukturen achten. Der Effekt wäre sonst wahrscheinlich nur wenig Output mit viel Struktur. Das bringt Ihnen nichts. Deshalb spreche ich auch von einer »Landkarte«. Listen sind Kreativitätskiller! Verlieren Sie also ruhig die Übersicht, und trauen Sie sich, mal »unordentlich« zu sein.

Am Ende sollen alle Ihre Ergebnisse auf diesem *einen* Blatt stehen. Selbstverständlich können und sollten Sie sich überall Notizen machen, wann und wo Ihnen ein Gedanke zu dieser Aufgabe in den Sinn kommt. Tragen Sie aber später alles auf Ihrer Landkarte ein. Nutzen Sie dazu die Mindmapping-Technik, die Sie aus Kapitel I ja schon kennen.

Die einzige Regel dabei ist: Schreiben Sie einen neuen Gedanken oder eine neue Erkenntnis möglichst in die Nähe von Begriffen, zu denen sie inhaltlich irgendwie passen. So entstehen »Regionen« mit ähnlichen Inhalten. Nutzen Sie gern farbige Stifte. Wörter und Gedanken können Sie miteinander verbinden, zum Beispiel mit Pfeilen. Weniger sinnvoll ist es, am Anfang Grenzen zu setzen – verbinden Sie lieber, als zu trennen.

Fragen Sie sich bei jedem Gedanken, den Sie notiert haben, ob Sie ihn mit weiteren Begriffen genauer fassen können. Ein Beispiel: Ich schreibe »Wandern« auf und frage mich dann: Was genau daran mag ich? Wo wandere ich gern? Wofür interessiere ich mich rund um das Wandern? Folge ich gern ausgeschilderten Wegen? Oder suche ich mir lieber meine eigenen? Reizt mich die Natur? Oder eher die sportliche Herausforderung?

Gerade wenn Sie komplexe Interessen notieren wie beispielsweise »Umgang mit Menschen«, »Technik«, »Tiere« oder »anderen etwas erklären«, ist es besonders wichtig, sie sorgfältig darauf zu überprüfen, was genau daran Sie interessiert.

Warum das so wichtig ist? Wenn es im nächsten Schritt darum geht, aus Ihren Interessen Jobideen zu entwickeln, wird es Ihnen viel leichter fallen, mit spezifischen Interessen zu arbeiten – wie zum Beispiel »vor Gruppen komplizierte Softwareprobleme so erklären, dass auch Laien es verstehen und anwenden können« – als mit globalen Begriffen wie »EDV«. Das Spezifische regt nämlich unser Gehirn zum Assoziieren und Anknüpfen an; das Globale bietet unseren grauen Zellen weniger Anreiz.

So entwickeln Sie Ihre Interessen-Landkarte

Sind Sie soweit? Dann führe ich Sie jetzt Schritt für Schritt zu Ihrer Landkarte. Sicherlich wird Sie davon das eine mehr und das andere weniger ansprechen. Versuchen Sie doch bitte, jeden Punkt davon einmal auszuprobieren. Können Sie nichts damit anfangen, gehen Sie ruhig zum nächsten. Sie brauchen sich nicht an die Reihenfolge zu halten und können sie auch parallel bearbeiten – denn die Zielrichtung ist ja bei jedem die gleiche. Jetzt geht's los!

Der Anfang

Der Anfang ist – wie so oft – der schwerste Teil der Übung. Ihnen sind beim Lesen bestimmt schon einige Ihrer Interessen und Neigungen durch den Sinn gegangen. Fangen Sie doch damit an, diese ersten Gedanken »auf das Blatt zu werfen«. Scheuen Sie sich bitte nicht, auch anscheinend Banales zu notieren. Nutzen Sie unbedingt von Anfang an den ganzen Platz, indem Sie Begriffe, die keine Ähnlichkeit haben, schön weit auseinander auf dem Blatt verteilen. Nehmen Sie sich dafür mindestens eine Stunde, und machen Sie dann erst einmal Schluss. Es ist überhaupt nicht wichtig, ob auf Ihrem Blatt drei oder dreißig Wörter stehen.

Hilfreiche Fragen

Für die nächste Runde möchte ich Sie mit Fragen unterstützen, die Ihnen helfen werden, weitere Neigungen und Interessen zu entdecken. Bitte übertragen Sie sie vorher auf ein separates Blatt, das Sie vor sich auf den Tisch legen oder an die Wand hängen. Ergänzen Sie sie gern mit Fragen, die Ihnen dazu in den Sinn kommen.

Wofür interessiere ich mich?

Was finde ich spannend?

Was macht mich neugierig?

An welchen Orten fühle ich mich weit und offen?

Was macht mir Spaß?

Was ist mir in meinem Leben besonders wichtig?

Was vermittelt mir Sinn?

Was mache ich gern?

Wovon träume ich manchmal?

Bei welchen Tätigkeiten vergesse ich Zeit und Raum?

Worüber rede ich gern?

Wovon lese ich gern?

Wo fühle ich mich wohl?

Diese Fragen möchten Sie inspirieren – sie wollen nicht »abgearbeitet« werden. Lassen Sie Ihren Blick lieber darüber schweifen, und achten Sie darauf, was Ihnen spontan einfällt. Schreiben Sie dies ungefiltert auf. Der innere Zensor, der sich möglicherweise meldet und meint, dass dieses und jenes nicht stimmt oder nicht ausreicht, um aufgeschrieben zu werden, hat hier gar nichts zu melden!

Möchten Sie noch etwas auf den Fragen »herumdenken«? Dann schreiben oder drucken Sie sie auf zwei oder drei Blätter, die Sie an verschiedenen Orten in der

Wohnung, vielleicht auch im Auto oder diskret am Arbeitsplatz aufhängen, sodass häufig Ihr Blick darauf fallen kann.

Spielen Sie Alltagsdetektiv

Jetzt geht es darum, Spuren Ihrer Interessen und Neigungen im Alltag aufzuspüren. Stellen Sie sich vor, Sie sollten so viel wie möglich über einen Ihnen unbekannten Menschen herausbekommen, indem Sie bei ihm zu Hause, am Arbeitsplatz, im Auto, also überall, wo er sich aufhält, herumschnüffeln. Sie würden auf Bücher, CDs oder Magazine achten, in den Computer, die Schränke und Regale schauen, vielleicht sogar im Internet stöbern. Und Sie würden sich bei all dem fragen:

- Was interessiert diesen Menschen?
- Was macht ihn aus?
- Wer ist er?
- Was liebt er?

Sie ahnen es sicherlich schon: Der Mensch, dem Sie hinterherspionieren sollen, sind natürlich *Sie*! Auch wenn es Ihnen vielleicht merkwürdig vorkommt, versuchen Sie doch bitte einmal, die Räume, in denen Sie leben, mit dem Blick eines Fremden zu betrachten. Und notieren Sie sich, was Ihnen dabei auffällt. Welche Neigungen und Interessen entdecken Sie? Schauen Sie in Schubläden, Kästen, Regale, auf den Dachboden und in den Keller, in Fotoalben und Schränke – gerade dort, wo Sie schon lange nicht mehr hineingesehen haben, könnten Sie Spuren entdecken.

Wenn Sie Ihr persönliches Umfeld »ausspioniert« haben, gibt es noch mehr zu erforschen: Wir können nämlich einiges über unsere Neigungen und Interessen lernen, wenn wir uns in inspirierenden Umgebungen umsehen. Dort müssen wir nur die Augen aufhalten und darauf achten, worauf unser Herz reagiert. Wo könnte es für Sie sinnvoll sein, sich einmal umzuschauen? Ich möchte Ihnen folgende Orte vorschlagen:

- Bummeln Sie schön langsam durch einen Stadtteil oder eine Straße mit vielen Geschäften, Restaurants und möglichst unterschiedlichen Gewerben.
- Verbringen Sie Zeit in einer großen Buchhandlung, und schauen Sie durch alle Abteilungen – vor allem die, in die Sie sonst keinen Fuß setzen würden.
- Kaufhäuser und insbesondere Spielwarenabteilungen bieten uns viele Anregungen.
- Auch wenn Sie sich dort sonst nicht blicken lassen – Museen und Galerien sind tolle Orte der Inspiration! Gehen Sie doch mal in eine Ausstellung, die »irgendwie interessant« oder ungewöhnlich klingt.

Im Prinzip können Sie überall etwas über sich und Ihre Interessen lernen: auf dem Weg zur Arbeit, beim Lesen eines Magazins, in der U-Bahn oder sogar beim Fernsehen. *Wenn* Sie dabei wach und neugierig sind! Solche »Exkursionen« werden von Kreativitätstrainern empfohlen, und ich habe auch persönlich spannende Erfahrungen gemacht, indem ich mich gefragt habe: »Was kenne ich noch nicht?« Denn das Fremde, Unbekannte inspiriert uns viel mehr als das Vertraute. Am besten, Sie machen mehrere Anläufe für Ihre Arbeit als Alltagsdetektiv.

Und ganz wichtig: Es darf auch Spaß machen!

Ihre Interessenbiografie

Ohne es wissenschaftlich belegen zu können, bin ich mir sicher, dass uns in der Kindheit und Jugend unsere Interessen bewusster waren als später im Erwachsenenalter. Wenn wir jung sind, dreht sich eigentlich alles um die Themen, die wir spannend finden; wichtig ist, was interessant ist. Später werden andere Dinge für uns wichtig: Verantwortung, Karriere, Sicherheit, Beziehungen, Einkommen. Und wir fragen uns nicht so häufig, ob wir Spaß daran haben oder ob uns das alles wirklich interessiert. Manche Menschen verlieren ihre Interessen und Neigungen fast vollständig aus dem Blickfeld.

»… ich habe so viel Arbeit! Ich bin ein ernsthafter Mensch«, sagt der Geschäftsmann im *Kleinen Prinzen* von Saint-Exupéry. Jemand, der sich sehr lange auf die »ernsthaften, wichtigen Sachen« konzentriert, weiß irgendwann nicht mehr, was er eigentlich mag und was ihn interessiert. Deshalb führt ein Weg zur Interessen-Landkarte über unsere Vergangenheit. Vieles von dem, was uns vor Jahren und Jahrzehnten interessierte, könnte es heute noch tun.

Bitte nehmen Sie sich dafür einige Papierblätter. Ich möchte Sie jetzt bitten, Ihr Leben von der Kindheit bis heute in Gedanken zu durchlaufen. Unterteilen Sie es in Abschnitte wie

- Kindheit bis zur Einschulung,
- Grundschule,
- Zeit der Pubertät,
- Oberstufe/Ausbildung,
- Studium,
- erster Job
- und so weiter.

Sie können auch in Fünfjahresschritten vorgehen. Notieren Sie den jeweiligen Abschnitt, und versuchen Sie dann, sich in diesen Zeitraum zurückzudenken. Fragen Sie sich:

- Was war für mich in dieser Zeit besonders wichtig?
- Womit habe ich am liebsten gespielt? Was waren meine Hobbys?
- Welche Bücher, Filme, Menschen und Figuren fand ich spannend?
- Worüber habe ich mir die meisten Gedanken gemacht?

Wenn Ihnen zu einem Abschnitt Ihrer Biografie nichts mehr einfällt, gehen Sie zum nächsten und machen dort weiter. Schreiben Sie alles auf, was Ihnen in den Sinn kommt. Lassen Sie sich besonders viel Zeit, wenn Sie sich kaum erinnern können – versuchen Sie, sich möglichst bildhaft vorzustellen, wie Ihre Welt in der betreffenden Zeit aussah. Denken Sie vielleicht, dass sich in den letzten zehn oder zwanzig Jahren nichts mehr getan hat, sich Ihre

Interessen nicht verändert haben? Schenken Sie bitte trotzdem diesen Zeiten genauso viel Beachtung wie den jüngeren Jahren und Ihrem Privat- so viel wie Ihrem Berufsleben.

Gehen Sie nun Ihre Notizen noch einmal durch, sammeln Sie alle Interessen und Neigungen, die auch heute noch für Sie gelten, und übertragen Sie sie in die Landkarte.

Traumberufe und Berufsträume

Hier geht es um alte und aktuelle Traumberufe. Die sagen uns nämlich eine Menge darüber, was uns wirklich am Herzen liegt. Sie haben sich ja gerade mit Ihrer Biografie beschäftigt – bitte blicken Sie doch noch einmal zurück, und fragen Sie sich: Was wollten Sie als Kind und Jugendlicher einmal werden? Wovon haben Sie geträumt? Rockstar, Cowboy, Krankenschwester, Astronaut, Tierarzt? Bitte alles notieren!

Soweit die Vergangenheit. Stellen Sie sich jetzt vor, die berühmte gute Fee könnte nicht mehr ertragen, Sie so unglücklich in Ihrem Job zu sehen, und schenkt Ihnen den Beruf Ihrer Träume. Was immer Sie sich wünschen – Sie bekommen den Job mit allen dazu gehörenden Kompetenzen und obendrauf mit einer Erfolgsgarantie. Und weil noch ein langes Leben vor Ihnen liegt und Sie sich nicht langweilen sollen, bekommen Sie sogar drei Traumjobs, die Ihnen nacheinander oder parallel zur Verfügung stehen. Sie brauchen sich jetzt nur noch zu entscheiden: Dirigent, Präsident, Vorstandsvorsitzender eines Konzerns, Astronaut? Oder vielleicht eine Nummer kleiner? Notieren Sie bitte Ihre Auswahl.

Keine Sorge, es geht mir nicht darum, wie Sie es schaffen, ab morgen Astronaut oder Rockstar zu werden. Viel interessanter finde ich, was hinter Ihren Wünschen steht: Überlegen Sie für jeden Ihrer aktuellen *und* alten Traumberufe, was genau es ist, das Sie daran so spannend finden und fanden. Wenn Sie beispielsweise gern Maler wären: Ist es der kreative Ausdruck? Der Umgang mit Farben und Materialien? Die Freiheit? Der Ruf des verrückten Künstlers? Die Selbstpräsentation in Ausstellungen? Seien Sie bitte sehr genau in Ihrer Analyse.

Wenn Sie jeden Traumberuf untersucht haben, übertragen Sie Ihre Ergebnisse – sofern sie heute noch für Sie gelten – in Ihre Landkarte.

Ihre Lebensvision

Sie haben sich im letzten Kapitel mit der Frage beschäftigt, wie Ihr Leben in zwanzig Jahren aussehen könnte. Bitte werfen Sie jetzt noch einmal einen Blick auf Ihre Notizen. Darin steckt nämlich viel mehr als nur eine gedankliche Basis für Ihre beruflichen Kriterien. Was können Sie daraus über Ihre Interessen und Neigungen lernen? Was Sie in der Zukunft unbedingt verwirklichen möchten, verrät bestimmt eine Menge darüber.

Was wäre, wenn ...

Sie kennen doch sicherlich die Lotterien, bei denen man eine lebenslange Rente gewinnen kann. Stellen Sie sich vor, Sie wären morgen einer der glücklichen Gewinner, der bis zu seinem Lebensende über genügend Geld verfügt, um bequem leben zu können. Sie könnten tun, was Sie wollen. Was wäre das?

Es gehört zu den Lieblingsthemen beim Small Talk: Wie schön wäre es, im Lotto zu gewinnen. Dann wäre ja alles anders, und das Leben nur noch glücklich und wunderschön. Aber die wenigsten Menschen fragen sich, was sie denn wirklich tun würden mit dem Zaster – und was wirklich anders werden würde. Tun Sie diese Aufgabe bitte nicht als Spinnerei ab, denn dabei können Sie darüber eine Menge über sich lernen.

Wichtig ist, dass Sie sich dafür eine ganze Stunde nehmen – sonst kommen Sie wahrscheinlich nur auf eher vordergründige Antworten. Versuchen Sie, möglichst detailliert aufzuschreiben, was genau Sie tun würden. Denken Sie nicht nur an die Partys und Reisen der ersten Monate. Denken Sie daran, wie Sie Ihr Leben bis zum Schluss mit den Möglichkeiten des vielen Geldes glücklich gestalten würden. Am besten, Sie schreiben alles auf, das Ihnen spontan durch den Kopf geht.

Legen Sie Ihre Notizen zur Seite. Schlafen Sie eine Nacht darüber, und untersuchen Sie dann, was Sie daraus lernen können für Ihre Landkarte.

Treffen Sie Mick Jagger und Albert Schweitzer

Haben Sie Lust auf eine weitere Fantasiefrage? Sie dürfen sich heute Abend mit einem Menschen Ihrer Wahl zum Abendessen treffen. Egal, wie berühmt er ist und ob er noch am Leben ist, er muss nur eine reale Person (gewesen) sein. Das muss aber nicht unbedingt Marilyn Monroe oder Martin Luther King sein – vielleicht würden Sie lieber Ihre Urgroßmutter treffen? Und weil ich ein großzügiger Mensch bin, dürfen Sie sich sogar drei Menschen aussuchen. Wer wäre das? Wenn Sie sich entschieden haben, fragen Sie sich bitte:

- Worüber möchten Sie am liebsten mit diesem Menschen sprechen?
- Welche Frage an ihn liegt Ihnen am meisten am Herzen?
- Was schätzen Sie an ihm besonders?

Wenn Sie diese Fragen beantwortet haben, folgt natürlich wieder der Blick durch die Brille Ihrer Interessen und Neigungen. Was haben Sie gerade darüber gelernt? Womit können Sie Ihre Landkarte jetzt ergänzen?

Befragen Sie Zeugen

Nach so viel Fantasie kommen wir zum Schluss wieder auf den Boden der Tatsachen. Mit den acht Fragen und Aufgaben wollte ich Ihren Blick nach innen anregen. Jetzt möchte ich noch Menschen zu Wort kommen lassen, die Sie gut kennen und möglicherweise von Interessen wissen, die Ihnen noch gar nicht in den Sinn gekommen sind. Überlegen Sie sich doch bitte, von welchen drei Personen Sie gern etwas dazu hören würden. Am besten, diese drei stammen aus ganz unterschiedlichen Zusammenhängen: Familie, aktuelle Freunde, Kollegen, Jugend- und Sandkastenfreunde, Menschen, die Sie erst seit kurzem kennen.

Und dann stellen Sie ihnen tatsächlich – persönlich oder per E-Mail – die Frage: »Was sind in deinen Augen meine Hauptinteressen und wichtigsten Neigungen?«

Tragen Sie bitte die Antworten Ihrer Bekannten in Ihre Landkarte ein – auch wenn Ihnen die Antworten gar nicht so bedeutsam erscheinen mögen.

Sinnvolle Anwendungen   Computer   ~~Wuruur~~

Programmieren   **Meine Neigunge & Interessen**

Mit dem Rucksack

Südamerika   Highway No. One fahren   Greenpeace

Reisen

Wandern   Natur   Leidenschaft vermitteln

nteuer erleben

Nachhaltigkeit Ökologie   Neugier weck

Menschen dazu bewegen, ökologischer zu leben   Menschen etwas beibringen

lehren

~~klären~~

Wege der Ideenfindung

Während Sie sich der Arbeit an Ihrer Landkarte widmen, möchte ich Ihnen etwas zu dem großen Thema Ideenfindung erzählen, das für Sie bestimmt nicht nur für die Arbeit mit diesem Buch hilfreich sein wird.

Wie kreativ wollen Sie sein?

Wenn es um den Prozess der beruflichen Neuorientierung geht, hat bei mir die Kreativität einen hohen Stellenwert. Mancher wundert sich darüber, weil er diesen Begriff nur mit Künstlern und vielleicht noch Leuten der werbenden und schreibenden Zunft in Verbindung bringt. Und viele Menschen denken und behaupten von sich, gar nicht kreativ zu sein. Dabei ist die Kreativität, also die Fähigkeit unseres Gehirns, viele unterschiedliche, neue Lösungen und Ideen zu produzieren, eine Grundsäule unseres psychischen Inventars.

Jeder Mensch ist kreativ. Nur hat der eine einen leichteren Zugang zu seinem kreativen Potenzial, und bei dem anderen ist er eher verschüttet. Und das liegt meistens an mangelnder Übung. Wenn ich immer nur an bewährten und naheliegenden Gedanken festhalte, meistens lieber das denke, was alle denken, und mir nie die Zeit nehme oder den Mut habe, auf eigene Lösungen zu kommen, kann meine Kreativität schon ziemlich einrosten. Und genau so ergeht es vielen Neuorientierern: Sie haben absolut keine Ideen, was sie interessiert und beruflich gern tun würden, aber trotzdem

- nehmen sie sich nicht genug Zeit und Raum, um in Ruhe danach zu suchen → Druck
- trauen sie sich nicht, auch mal »das Undenkbare« zu denken → Tunnelblick
- halten sie alles für »unrealistisch«, was ungewohnt ist → enge »Realität«
- denken sie vor allem daran, was andere denken könnten → Angst

Druck, Tunnelblick, eine enges Verständnis von Realität und Angst sind typische Stresssymptome, und Stress ist der natürliche Feind der Kreativität. Stellen Sie sich vor, Ihr Chef würde von Ihrem Team verlangen, ein schwieriges Problem zu lösen – aber bitteschön in einer Stunde, und die Lösung soll gefälligst lange bewährt sein und innerhalb enger Parameter liegen. Und wehe, wenn er damit beim Vorstand auf Unverständnis trifft! Können Sie sich vorstellen, dass Ihr Team unter diesen Bedingungen tatsächlich eine gute Idee entwickelt? Zumindest ist es nicht sehr wahrscheinlich.

Aber mit so einer Haltung meinen viele Menschen, ihre berufliche Neuorientierung hinbekommen zu können. Und sie wundern sich dann, dass sie nur auf immer denselben Ideen herumgrübeln. Ohne dass wir selbst kreativ werden, können wir nun einmal kein berufliches Neuland entdecken. Dann müssen wir uns von anderen sagen lassen, was wir tun sollen – und das entspricht sehr selten unseren Bedürfnissen. Deshalb liegt mir besonders am

Herzen, Ihnen Werkzeuge zu vermitteln, die Ihnen helfen, Ihre Kreativität zu aktivieren und ins Spiel zu bringen.

Keine Kritik!

In den Disney-Studios hat man schon in den sechziger Jahren erkannt, dass gute Ideen nur dann entstehen können, wenn man den kreativen Prozess »entstresst« und von Kritik und der Frage nach der Realisierbarkeit trennt. Deshalb richtete man verschiedene Arbeitsräume ein: Im Entwicklungsraum durfte *nur* entwickelt, gesponnen und geträumt werden. Erst wenn eine Idee Konturen hatte, wurde sie in einem anderen Raum mit Kritik konfrontiert und im nächsten auf ihre Umsetzbarkeit geprüft. Man spricht heute noch in der Kreativitätsförderung vom »Disney-Modell«.

Sie kennen das bestimmt auch: Wenn wir im Team ein Brainstorming veranstalten, ist der Spaß schnell vorbei, wenn Kritik dabei erlaubt ist. Denn wer traut sich schon, laut einen unfertigen oder gar verrückten Gedanken zu äußern, wenn er Angst haben muss, dafür eins auf die Mütze zu bekommen! Und es sind eben oft die erst einmal verrückt scheinenden Ideen, in denen der Ansatz liegt für völlig neue Lösungswege.

Auch wenn wir ganz allein auf neue Ideen kommen wollen, müssen wir diesem Prinzip unbedingt folgen. Denn sonst geben unsere inneren Widersacher – Bremser, Kritiker, Angsthasen, Festhalter – unserem inneren kreativen Entwickler (ja, den haben Sie auch!) so lange eins auf die Mütze, bis er die Klappe hält. Und wie sollten wir dann je auf eine richtig gute Jobidee kommen?

Die Konsequenzen, die ich daraus gezogen habe, kennen Sie bereits:

- Damit Ihre inneren Widersacher Ihren Ideenfindungsprozess nicht stören und stoppen, verwenden Sie die Bedenkenliste, um Kritik und Widerstand zwar ernst zu nehmen, aber gleichzeitig sanft aus Ihrem »Entwicklungslabor« zu verbannen.
- Auch mein Konzept der fünf Arbeitsschritte folgt dieser Idee, denn darin wird zuerst der kreative Teil in den Mittelpunkt gestellt, und erst im vierten und fünften Schritt kommen Fragen der Realisierung und Kriterien zum Zuge.

Wäre es nicht großartig, wenn Sie im Brustton der Überzeugung von sich sagen können »Ich bin ein kreativer Mensch!«? Auch wenn Sie davon (noch) nicht überzeugt sind – sagen Sie es trotzdem häufiger mal. Sie werden merken, es fühlt sich gut an. Und außerdem könnte es dadurch tatsächlich wahr werden. Natürlich verlangt es eine ganze Menge Mut, eingeschliffene Glaubenssätze in Frage zu stellen – dazu kommen wir im nächsten Kapitel noch genauer.

Die produktive Leere

Die Leere hat keinen guten Ruf. Jemand, der sich leer fühlt, ist ausgebrannt oder depressiv; der gesunde Mensch hat innerlich voller Gefühle und Gedanken zu sein. Für uns ist es ganz normal, in jedem Moment mit irgendetwas beschäftigt zu sein. Und wenn wir uns entspannen wollen, lesen wir ein

Buch, gehen ins Kino, ins Theater, hören Musik oder sehen fern. Fast immer ist für den »modernen Menschen« Entspannung mit irgendeiner Form des Inputs verbunden. Gern nutzen wir dabei mehrere Quellen, hören Musik und lesen, schauen fern und surfen im Internet und so weiter.

Entweder wir fokussieren unsere Aufmerksamkeit auf ein Thema, oder wir lassen uns berieseln. Was den meisten Menschen, die ich kenne, fehlt, sind Momente der Leere – in denen sie nichts tun, nicht über irgendetwas grübeln und sich keinem Input von außen aussetzen. Vielleicht fragen Sie sich, wofür das denn überhaupt gut sein sollte? Und was das mit der beruflichen Neuorientierung zu tun hat?

In diesem Kapitel geht es um Ihre Interessen, im nächsten werden Sie daraus berufliche Ideen entwickeln. Um dabei erfolgreich zu sein, ist es wichtig, dass Ihnen Impulse und Wünsche bewusster werden und dass Ihr Gehirn auf neue Gedanken kommt. Beides können Sie nicht schaffen, wenn sich Ihre grauen Zellen währenddessen durch Berge von Alltagsgedanken arbeiten. Heute ist ja viel die Rede vom »Multitasking«. Angeblich müssen wir lernen, verschiedene Aufgaben parallel zu bearbeiten, um effektiv und erfolgreich zu sein. Für Neurobiologen ist dies ziemlicher Blödsinn! Denn unser Gehirn ist gar nicht dafür ausgelegt. Wenn wir uns zeitgleich mit mehreren Gedankensträngen beschäftigen, springt unsere Aufmerksamkeit in Wirklichkeit nur hin und her, was alles andere als effektiv ist.

Halbbewusste Wünsche und Impulse und gar ganz neue Ideen haben keine Chance, wenn wir ihnen nicht Raum und Zeit geben, um in unser Bewusstsein zu gelangen. Was dafür notwendig ist, nenne ich eine »produktive Leere«. Sie ist eigentlich etwas ganz Banales, was Menschen in weniger stressgeplagten Kulturen wahrscheinlich selbstverständlich fänden. Dafür muss ich lediglich die Entscheidung treffen, mir ungestörte Zeiten zu reservieren, in denen meine Impulse, Wünsche und Ideen eine Chance haben, mir bewusst zu werden.

Besonders fruchtbar sind solche Zeiten, nachdem Sie sich eine Weile auf eine Aufgabe konzentriert haben – beispielsweise nach der Arbeit an Ihrer Landkarte. Wenn Sie sich dann eine Leerzeit nehmen, werden möglicherweise weitere Antworten dazu – wie aus dem Nichts – in Ihr Bewusstsein treten.

Solche Leer-Zeiten sind ein ganz wichtiger Teil eines kreativen Prozesses. Die Kreativitätsforschung nennt sie die Phase der »Inkubation« oder »Bebrütung«. Konkret kann das heißen:

- Nehmen Sie sich mindestens eine Stunde.
- Schalten Sie sämtliche Kommunikationsmittel aus.
- Suchen Sie sich einen angenehmen Ort, der nicht zu viel Anregung bietet. (Eine belebte Fußgängerzone ist nicht geeignet.)
- Versuchen Sie, so gut es geht, sämtliche Alltagsgedanken sanft beiseite zu schieben.
- Beobachten Sie Ihre Umgebung, lassen Sie Ihre Aufmerksamkeit möglichst frei wandern.
- Registrieren Sie lediglich, welche Gedanken, Wünsche, Impulse in Ihnen aufsteigen.

Ich weiß, dass dies für die meisten leichter klingt, als es in Wirklichkeit ist. Wenn Sie zu den Menschen gehören, die es gewohnt sind, in jedem Augenblick etwas zu tun und so etwas wie Leer-Zeiten gar nicht kennen, möchte ich Ihnen vorschlagen, ganz klein zu beginnen:

- Nehmen Sie sich fünf Minuten, in denen Sie aus dem Fenster schauen oder Ihre Augen schließen.
- Beobachten Sie Ihre Gedanken – auch wenn sie toben wie junge Pferde. Atmen Sie einige Male tief ein und aus.
- Versuchen Sie es doch sofort einmal, und legen Sie dafür dieses Buch für eine Weile zur Seite.

Für die meisten Menschen ist ein Spaziergang in der Natur ein idealer Rahmen für eine Leer-Zeit. Auch wenn es Ihnen merkwürdig erscheint: Wenn Sie sich ab und zu ein paar Stunden oder gar einen Tag nehmen und die Zeit ohne Handy im Grünen verbringen, tun Sie eine Menge für Ihre berufliche Neuorientierung!

Das Medienfasten

Mögen Sie noch einen Schritt weiter gehen? Dann empfehle ich Ihnen eine Woche Medienfasten. Wie gesagt, wir sind meistens einem permanenten Strom von Input ausgesetzt. Ständig fließen Informationen auf uns ein. In unserer Freizeit sind die Hauptquellen Fernseher, Bücher, Zeitschriften, Radio und natürlich alle möglichen Onlinemedien. In *dieser* Woche verzichten Sie auf jeden Konsum dieser Medien. Wenn Sie dafür nicht Ihren Urlaub nutzen wollen, können Sie das Medienfasten auf die Zeiten außerhalb Ihres Jobs beschränken. Bleiben Sie dann offline und lassen den Fernseher aus. Lesen Sie weder Bücher noch die Aufschrift auf der Müslipackung. Nichts! Gar nichts! Sie dürfen aber sehr gern schreiben und zeichnen – Output ist okay und gewünscht.

Das ist anfangs nicht ganz leicht. Denn wahrscheinlich merken Sie erst jetzt, wie viel Zeit Sie gewöhnlich mit medialem Input verbringen. Plötzlich entsteht eine ganze Menge Leere – und die kann sehr unangenehm sein, wenn man sie nicht gewohnt ist. Versuchen Sie bitte nicht, ihr aus dem Weg zu gehen, indem Sie sich permanent mit Menschen umgeben. Gehen Sie lieber spazieren. Dann werden Sie Spannendes erleben: Wenn weniger Informationen auf uns einstürmen, dreht sich der Informationsfluss um, Gedanken, Impulse und Gefühle kommen aus uns heraus und ins Bewusstsein. Nach dieser Woche werden Sie ganz bestimmt verstehen, warum die produktive Leere ein Teil des kreativen Prozesses ist!

Ich weiß nicht, was ich will

Wir alle erleben mehr oder weniger häufig Situationen, in denen wir beim besten Willen nicht sagen können, was wir gerade wollen. Wenn es um das schwierige Thema des beruflichen Neustarts geht, sorgen oft mentale Blockaden und Ängste dafür, dass wir uns unklar und hin- und hergerissen fühlen. Wie gesagt, das ist ganz normal. Aber ich treffe auch immer wieder Menschen wie Norbert, die nicht nur an einem Punkt blockiert sind und bei denen der »blinde Fleck« nicht nur das berufliche Wollen betrifft. Sie haben generell einen sehr engen Zugang zu Ihren Wünschen und Bedürfnissen und keine klare Vorstellung davon, wie ein gutes Leben für sie aussehen soll. Zwar nehmen sie den Status quo als unbefriedigend wahr, aber trotzdem wissen sie nicht, was besser sein könnte.

Norbert, 37, Rechtsanwalt

Norbert war bisher zwar sehr erfolgreich in seinem Beruf, aber der bot ihm keine Herausforderungen mehr; er wollte jetzt etwas verändern. Er hatte überhaupt keine Ahnung, in welche Richtung er gehen wollte. Am liebsten hätte er von mir konkrete Ratschläge gehabt, die ich ihm nicht geben konnte. Seine Gedanken kreisten ausschließlich um die Frage, was er besonders gut konnte. Und ich fragte ihn, was er denn am liebsten tun wollte. Darauf hatte er keine Antworten. »Ich könnte für ein Unternehmen arbeiten oder in eine größere Kanzlei eintreten.« – »Wollen Sie das denn?« – »Ich weiß nicht.«

Ich versuchte deshalb, den Fokus zu erweitern, und bat ihn, mir zu erzählen, was ihn generell interessierte und was er sich für sein Leben wünschte. Er hatte auch darauf keine Antworten. Ihm war bisher gar nicht bewusst, wie wenig er über sich selbst wusste! Früher, vor dem Studium, war dies anders gewesen – damals hatte er viele Hobbys und Interessen, verbrachte viel Zeit mit ganz unterschiedlichen Menschen. Aber jetzt drehte sich sein Leben zu einem großen Teil um seine Arbeit. Privat kannte er fast nur noch andere Juristen. Norbert hatte Freunde, eine funktionierende Beziehung und fuhr gelegentlich in den Urlaub. Aber er empfand sein Leben als »irgendwie eingefroren«. Erst in unseren Gesprächen realisierte er, dass er schon lange Zeit den Kontakt zu seinen Wünschen, Impulsen und Interessen verloren hatte.

Um zu wissen (und zu bekommen), was ich will, muss ich meine Aufmerksamkeit in zwei Richtungen lenken: Ich muss wahrnehmen, welche Bedürfnisse ich in mir habe. Und ich brauche ein klares Bild davon, welche Angebote meine Umgebung mir macht. Wenn ich Hunger spüre, muss ich erst einmal wissen, worauf ich Appetit habe, und mich dann umschauen, welche Speisen gerade verfügbar sind. Menschen, deren Wahrnehmung eingeschränkt ist, wissen zwar, dass sie hungrig sind – aber nicht, was ihnen jetzt schmecken könnte. Und sie können vor einem Büfett verhungern, weil der

Abstand viel zu groß ist, sie nicht erkennen, welche Köstlichkeiten dort sind, und sie trotzdem nicht näher herangehen.

Warum ist das so? Wie können wir den Kontakt zu unseren Wünschen und Bedürfnissen so sehr verlieren? Bei den Menschen mit diesem Problem, die ich bisher traf, habe ich deutliche Parallelen festgestellt: Sie sind beruflich schon lange sehr stark engagiert und erfolgreich, folgen gängigen Karrierestufen wie auf Autopilot, haben beruflich wie privat wenig Abwechslung und eher wenige soziale Kontakte. Sie leben ihr Leben wie ein Komparse, nicht wie ein Regisseur – oder wie ich es Ihnen bereits erklärte: Sie weisen ein sehr geringes Maß an Selbstwirksamkeit auf. Ihr Alltag ist meist »durchgetaktet« und bietet kaum Freiraum für spontane Entscheidungen, und sie haben die Neigung, alles schnell und nach einem bestimmten System zu erledigen. Ich hatte bei jedem von ihnen den Eindruck, dass sie beim Eintritt in das Berufsleben ihre Wünsche, Träume und Bedürfnisse am Eingang abgegeben und sich dann nicht mehr darum gekümmert habe – als wären sie Teil einer Maschinerie geworden, die ihnen die Orientierung abgenommen hat.

Das klingt dramatisch – und das ist es in meinen Augen auch. Denn im Kern dieser reaktiven Haltung steht wahrscheinlich so etwas wie: »Was ich fühle, brauche und will, ist nicht wichtig.« Und wenn jemand diesem Skript über Jahrzehnte folgt, ist es extrem unwahrscheinlich, dass er damit glücklich wird.

Herbert Grönemeyer hat einmal gesungen »Sehnsucht kann man, zum Glück, nicht verlernen« – aber man kann sie verbuddeln und vergessen. Bis man eines Tages, wie Norbert, merkt, dass etwas fehlt, und feststellt: »Ich habe überhaupt keine Ahnung, was ich eigentlich will!« Damit ist der erste, wichtige Schritt getan. Ich habe allerdings die Erfahrung gemacht, dass hier schon die erste Gefahr lauert: Viele Menschen denken nämlich – eilig und strukturiert, wie sie sind – dass man mit den richtigen Techniken ganz schnell eine Lösung herbeiführen kann. Ein paar Psychotests, einige Tricks und Kniffe, und schon weiß man, was man will. Das kann natürlich nicht funktionieren, denn genau diese Denke hat das Problem ja einmal geschaffen! Den Zugang zu verschütteten Wünschen und Bedürfnissen können wir nur sehr langsam finden und freilegen.

Für Norbert war dies ein langer Weg: Nachdem er erkannt hatte, wie viel für ihn und seine Lebensqualität davon abhing, entschied er sich spontan, seine Arbeitszeit zu reduzieren und sich mehr Zeit »zum Leben« zu nehmen. Ihm half das Konzept der produktiven Leere, und er untersuchte seine Wünsche und Bedürfnisse in allen Bereichen seines Lebens. Für ihn war es eine ganz neue Erfahrung, sich auf die Suche nach etwas zu machen, von dem er kein Bild oder Konzept im Kopf hatte. Er entschied sich dafür, erst einmal gar keine Entscheidungen zu treffen, wie es beruflich weitergehen sollte. Ich bestärkte ihn darin, alles zu lassen, wie es war, bis er Antworten gefunden hatte, von denen er überzeugt war. Tatsächlich dauerte es über ein Jahr, bis Norbert klar wurde, wie er sein juristisches Know-how in einem für ihn viel befriedigenderen Feld einsetzen wollte: Er wurde Mediator für Menschen in Trennungsprozessen.

Geht es Ihnen ähnlich wie Norbert? Fällt es Ihnen generell schwer zu sagen, was Sie wollen und brauchen – nicht nur in Momenten, in denen Sie sich innerlich zerrissen fühlen zwischen verschiedenen Wünschen, Ängsten und Widerständen?

Dann ist es besonders wichtig, dass Sie lernen, sich Leerzeit und -raum zu geben und Erwartungen an sich selbst herunterzuschrauben. Was ich immer wieder betone, ist für Sie ganz besonders wichtig: Jeder Druck ist kontraproduktiv und wird Sie nicht weiter bringen! Wenn Sie sich auf die Suche nach Ihren eigenen Antworten begeben wollen, ist dies ein Projekt für Monate, vielleicht sogar Jahre. Es führt kein Weg daran vorbei, dass Sie sich intensiv mit sich selbst auseinandersetzen; für diesen Weg gibt es keine Abkürzungen. Wenn Sie glauben, nicht die nötige Geduld und Konzentration dafür aufbringen zu können, ist möglicherweise eine Psychotherapie eine sinnvolle Unterstützung.

Achtung Stolperstein!
Wenn Sie nicht wissen, was Sie wollen, sollten Sie sich vielleicht – wie Norbert – erst einmal gar nicht entscheiden und alles lassen, wie es ist. Aktionismus hilft selten, die richtige Richtung zu finden. Von Mark Twain stammt der wunderbare Satz »Nachdem wir das Ziel endgültig aus den Augen verloren hatten, verdoppelten wir unsere Anstrengungen.« So ein Vorgehen klingt nicht sonderlich klug, oder?

Über das Suchen

In diesem Kapitel über den ersten Schritt zur Landkarte der Interessen geht es ja hauptsächlich um das Suchen – in Ihrem Herzen, in Ihrer Vergangenheit und in inspirierenden Umgebungen. Deshalb möchte ich zum Schluss noch einige Sätze dazu sagen:

Egal, ob wir im Internet eine Information suchen oder im Job eine Lösung für ein Problem – es muss fast ausnahmslos schnell gehen. Effizienz steht für uns über allem. Kein Wunder, wenn wir darauf drängen, dass auch unsere berufliche Neuorientierung oder andere persönliche Veränderungsprozesse vor allem schnell über die Bühne gehen sollen. Eine der ersten Fragen von Menschen, die mich wegen eines Coachings kontaktieren, lautet: »Wie lange wird es denn dauern?« Und darin schwingt meistens mit: »Hoffentlich nicht zu lange!«

Was wir kaum noch kennen, ist eine »Kultur der guten Suche«. Die Vorstellung ist uns fremd geworden, dass weitreichende Fragen eine intensive Auseinandersetzung und gründliche Suche brauchen. Klar, für eine einfache Frage reicht ein Blick in eine Suchmaschine. Wann hat Karl der Große gelebt? Wo steht das höchste Gebäude? Wie schreibt man Chrysantheme? Keine großen Sachen. Aber unsere Neigungen und Interessen können wir nicht googeln. Welche Arbeit in dieser Lebensphase am besten zu uns passt und in welcher Branche und in welchem Unternehmen wir am besten aufgehoben sind, finden wir auf keiner Website. Und auch kein Experte kann uns die schnelle Lösung liefern.

Gerade wenn wir eine Zeit des Umbruchs erleben, müssen wir uns für gute und stimmige Antworten selbst auf die Suche machen. Schnelle Antworten auf komplexe Fragen sind selten gut genug. Schnelligkeit ist zwar oft ein Vorteil, und manchmal müssen wir uns ihretwegen mit einer eindimensionalen Antwort zufrieden geben. Deshalb sollte Geschwindigkeit bei wichtigen, persönlichen Themen niemals ein Selbstzweck sein! Ich denke dabei an eine Klientin, die mir ganz selbstverständlich erzählte, dass sie gerade ein Fernstudium absolvierte, das auf ein Jahr angelegt war – aber sie würde es in acht Monaten machen. Als ich sie nach dem Warum fragte, wusste sie keine Antwort. Für sie waren acht Monate per se besser als zwölf. Darüber, dass darunter die Intensität und der Spaß an der Sache leiden würden, hatte sie überhaupt nicht nachgedacht.

Eine Kultur der guten Suche finden wir in Märchen und Heldensagen. Dort ist es ganz selbstverständlich, dass der Held auf seiner Suche in die Fremde zieht und sich zahlreichen Prüfungen und Aufgaben stellt. Meistens geht er dabei auch Irrwege, aber er wächst daran und findet so sein Ziel. Auch wenn es um Prinzessinnen, Drachen, Königreiche oder Schätze geht – die meisten Märchen erzählen in der Sprache der Symbole von persönlicher Entwicklung und Selbstfindung.

Vielleicht drängt sich Ihnen der Vergleich Ihrer beruflichen Entwicklung zu Hans im Glück oder Aschenbrödel nicht unbedingt auf. Mir geht es darum, Sie für den Suchprozess an sich zu interessieren und Sie von der Idee abzubringen, Ihre Entwicklung ausschließlich unter die Diktatur von Effizienz und Geschwindigkeit zu stellen. Wenn Sie die Herausforderung annehmen, sich die Zeit nehmen, die Ihre Suche braucht, und sich – wie der Held im Märchen – auch trauen, bisher unbekannte Wege zu gehen, wird die Erfahrung Sie verändern und Ihnen Antworten geben, die wirklich *Ihre* Antworten sind.

Checkpoint

Haben Sie die Arbeit an diesem Kapitel abgeschlossen? Dann möchte ich Sie bitten, sich etwas Zeit zu nehmen, um den Stand der Dinge zu überprüfen.

☐ *Ist Ihre Landkarte fertig?*
Nein, sie wird wohl niemals hundertprozentig sein – einige Punkte werden immer fehlen. Aber das sollte uns nicht stören, weil wir sonst bis zum Sanktnimmerleinstag daran kleben bleiben würden. Viel wichtiger ist: Haben Sie den Eindruck, dass die Karte Ihre Neigungen und Interessen im Großen und Ganzen gut abbildet? Sind Sie zufrieden?
Wenn Sie das Gefühl haben, dass bestimmt noch wichtige Punkte fehlen – auch wenn Sie noch nicht wissen, welche das sind –, rate ich Ihnen, sich noch eine Woche für diesen Schritt zu nehmen.

☐ *Was sagt Ihr Projektbarometer?*

Sind Sie mental im grünen Bereich? Fühlen Sie sich energievoll und motiviert? Dann sind Sie bereit für das nächste Kapitel!

Zeigt Ihr Barometer nach unten, sollten Sie jetzt den Entwicklungsprozess unterbrechen und die Werkzeuge der Blockadelösung im Kapitel »Die Werkzeuge des Selbstcoachings« zu Rate ziehen.

☐ *Werfen wir noch einen Blick auf Ihre Planung*

Haben Sie Ihren Zeitplan eingehalten? Haben Sie soviel Zeit investiert, wie Sie sich vorgenommen haben? Prima!

Oder hat Ihr Jobprojekt in Wirklichkeit in Ihrem Leben eine geringere Priorität, als Sie sich das vorgestellt haben? Waren oft andere Sachen »wichtiger«, die es eigentlich gar nicht sind? Im Klartext: Haben Sie sich oft gedrückt? Wenn Ihnen nur ab und zu die Lust fehlte, ist das bestimmt kein großes Problem. Gefährdet dies aber Ihr Projekt, sollten Sie jetzt auch die Werkzeuge der Blockadelösung nutzen.

Oder lag es gar nicht an Ihrer Motivation? Haben Sie sich vielleicht schlicht und einfach zuviel vorgenommen? Hat sich Ihr Zeitplan im Alltag als zu ehrgeizig erwiesen? Dann »strecken« Sie bitte Ihre Zeitplanung entsprechend und tragen sich für die folgenden Schritte mehr Zeit ein. Sonst wird es Sie nur frustrieren, immer weiter hinter Ihrer Erwartung herzulaufen.

Schritt 3: Die Landkarte Ihrer Jobideen

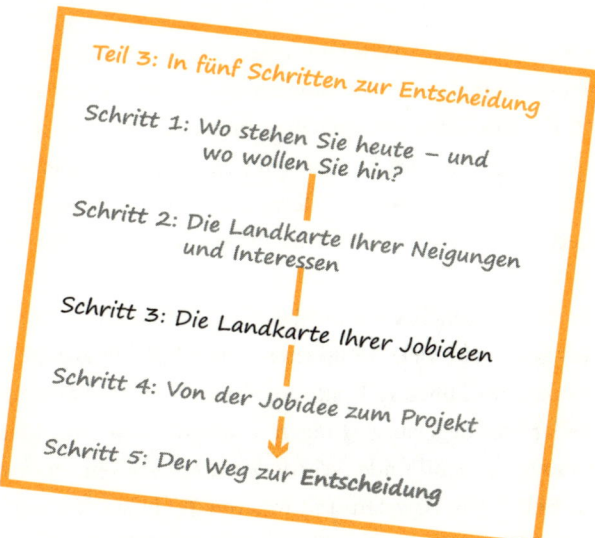

Teil 3: In fünf Schritten zur Entscheidung

Schritt 1: Wo stehen Sie heute – und wo wollen Sie hin?

Schritt 2: Die Landkarte Ihrer Neigungen und Interessen

Schritt 3: Die Landkarte Ihrer Jobideen

Schritt 4: Von der Jobidee zum Projekt

Schritt 5: Der Weg zur Entscheidung

»Ich reise gern, lese viel und interessiere mich für Tiere, vor allem Pferde. Was könnte ich damit beruflich machen?« Ganz einfach: Werden Sie doch Lektor für Reise- und Pferdeliteratur.

Na ja, so sähe eine schnelle Lösung aus – allerdings keine sehr überzeugende, oder?

Viele Menschen denken, dass sie doch von ihren Interessen direkt auf passende Jobprofile schließen müssten. Mir wird recht häufig eine Frage gestellt wie: »Ich interessiere mich für X und Y. Was soll ich damit am besten machen?« Klar, wenn sich jemand ausschließlich und schon immer für Tiere interessiert, liegen Berufe wie Tierarzt oder Tierpfleger recht nahe. Nur ist die Sache selten so eindeutig.

Das liegt einmal daran, dass wir es hier wieder mit dem »Prägnanzproblem« (Kapitel »Das Projekt Neuorientierung«) zu tun haben. Denn Interessen sind meistens viel zu schwammig, als dass wir daraus einen konkreten Job ableiten könnten. Sie erinnern sich: Das Unklare hat immer schlechte

Karten in unserem Hirn, wenn es gegen das Konkrete und Bewährte antritt. Und außerdem können aus einem Interesse möglicherweise Hunderte von Jobs folgen.

Kurz gesagt: Der direkte Weg von unseren Interessen zu konkreten Jobprojekten überfordert die meisten Menschen. Also brauchen wir einen Zwischenschritt, der die Sache vereinfacht – und das sind die »Jobideen«, um die es hier geht. Eine Jobidee ist eine *mögliche* Umsetzung eines Interesses oder einer Kombination mehrerer Interessen. Sie ist die spielerische und oft spontane Idee, die mir in den Sinn kommt, wenn ich an bestimmte Interessen denke:

Wenn ich mich beispielsweise für das Segeln interessiere, könnte ich mir dazu wirklich sehr, sehr viele Tätigkeiten vorstellen: Ich könnte Segellehrer werden, Seminare für Führungskräfte auf einem Segelboot anbieten oder für einen Hersteller von Segelausrüstungen arbeiten – das sind Ideen, die ich vielleicht gerade spannend finde. Würde ich diese »zarten Pflänzchen« jetzt aber meinen Bedenken, Ängsten und inneren Widerständen aussetzen wie einem Schwarm Piranhas oder sie gleich einer Realisierungsprüfung unterziehen – es bliebe mit Sicherheit nichts davon übrig. »Viel zu unsicher, verträumt und unrealistisch!«

Dabei besteht doch die reale Möglichkeit, dass aus einer Idee, der ich auf den ersten Blick keine Chance gebe, tatsächlich eine großartige Sache wird. Und wenn ich hundert Jobideen formuliert habe, ist es doch nicht mehr ganz unwahrscheinlich, dass eine davon genug Potenzial für den richtigen Job hat, oder? Deshalb brauchen wir auch in diesem Arbeitsschritt wieder in erster Linie unsere Kreativität und den Mut, zu spinnen, quer zu denken und sich inspirieren zu lassen. Aber keine Sorge, ihr lieben Widerstände, Ängste und inneren Bremser: Im nächsten Schritt wird es dann sehr vernünftig, realistisch und kritisch – und dann werden wir auch Kompetenzen und Jobkriterien einbeziehen.

Achtung Stolperstein!

Solange wir uns nur damit beschäftigen, was wir gern mögen und tun, ist der neue Job noch in weiter Ferne. Fangen wir jetzt aber an, über die verschiedensten Tätigkeiten nachzudenken – auch wenn sie uns völlig verrückt erscheinen –, kommen wir einer möglichen Umsetzung ein Stück näher. Kein Wunder, wenn jetzt unsere inneren Widerstände und Ängste größer werden! Vor allem, wenn wir bisher noch nie so weit gedacht haben. In dieser Phase bekommen viele Menschen zum ersten Mal so richtig kalte Füße. Weil wir uns hier hauptsächlich unserer Fantasie und Kreativität bedienen, sind typische »Vorwürfe« unserer inneren Bremser:

- »Das ist doch völlig unrealistisch.«
- »Daraus kann ich doch niemals einen Job machen.«
- »Damit kann man unmöglich Geld verdienen.«

Und dann kommt in der Regel der Impuls, alles über den Haufen zu werfen und sofort nach einem »realistischen« Job zu suchen. Also am besten in Stellenbörsen abtauchen und sich auf alles bewerben, was nur irgendwie in Frage kommt. Das ist purer Aktionismus, getrieben von Angst. Menschlich – aber höchst unklug. Sollten Sie solche Impulse spüren: Bitte machen Sie sich nicht verrückt; machen Sie lieber ausgiebig von Ihrer Bedenkenliste Gebrauch! Wenn Sie plötzlich meinen, dass dies hier doch alles Träumerei ist: Genau, das stimmt! Hier geht es wirklich auch um Träumereien, und das ist sehr sinnvoll und das Beste, das Sie für Ihren neuen Job tun können.

So entwickeln Sie Ihre Ideen-Landkarte

Am Ende dieses Kapitels soll wieder eine große Landkarte stehen, also ist hier das Mindmapping wieder das Werkzeug der Wahl. Tragen Sie bitte alle Jobideen, die Ihnen im Laufe der Arbeit in den Sinn kommen, auf dieses große Blatt Papier ein. Es kann nicht schaden, wenn Ähnliches beieinander steht (weil es dann übersichtlicher ist), aber das muss nicht sein. Für die einzelnen Übungen und Werkzeuge, die ich Ihnen jetzt erkläre, nehmen Sie sich bitte wieder Extrablätter, und tragen Sie Ihre Ergebnisse dann jeweils in die Landkarte ein.

Natürlich wird Ihr Tagebuch wieder eine große Rolle spielen – denn ganz bestimmt werden Ihnen Jobideen zu allen Zeiten an allen möglichen Orten kommen. Alles, was Sie im ersten Schritt inspiriert und Ihre Arbeit gefördert hat, können Sie hier genauso nutzen.

Alles klar? Dann führe ich Sie jetzt wieder mit Fragen und kleinen Inspirationen Schritt für Schritt zu Ihrer Landkarte. Bitte schenken Sie jedem Punkt Zeit und Aufmerksamkeit, lassen Sie keinen aus, auch wenn Ihnen erst einmal wenig dazu einfällt. Sie brauchen sich auch hier nicht an die Reihenfolge zu halten und können gern an mehreren Punkten parallel arbeiten – denn die Zielrichtung ist wieder bei jedem die gleiche. Alles dreht sich jetzt um diese beiden Fragen:

- Was könnte ich – möglicherweise! – mit *einem* Interesse beruflich anfangen?
- Welche Jobs kommen mir in den Sinn, wenn ich *mehrere* meiner Interessen miteinander kombiniere?

Eine Auswahl

Wenn Sie Verwirrung befürchten, können Sie eine erste Auswahl von Interessen und Neigungen aus Ihrer ersten Landkarte treffen. Bevor es jetzt um Ihre Jobideen geht, sollten Sie entscheiden, mit wie viel Input Sie in diesen Prozess gehen wollen. Am besten ist es natürlich, wenn alles, was auf Ihrer Landkarte steht, einfließen kann. Aber möglicherweise ist Ihnen das zu viel und zu unübersichtlich? Dann ist es sinnvoll, jetzt eine Auswahl zu treffen: Markieren Sie mit einem bunten Stift solche Interessen und Neigungen, die besonders ausgeprägt oder Ihnen besonders wichtig sind für Ihre neue berufliche Tätigkeit. Mindestens zehn Punkte sollten es schon sein. Im Zweifelsfall entscheiden Sie sich bitte lieber für ein Interesse als dagegen.

Übertragen Sie Ihre Auswahl auf ein neues Blatt, mit dem Sie jetzt weiterarbeiten.

Auch wenn Sie sich für eine Auswahl entscheiden, können Sie selbstverständlich jederzeit zu Ihrer Landkarte zurückkehren und weitere Interessen und Neigungen einbeziehen. Das liegt ganz bei Ihnen.

Die Analysebrille

Dieses Werkzeug soll Ihnen helfen, Ihre Interessen von möglichst vielen Seiten auf berufliche Optionen zu untersuchen: Knöpfen Sie sich dafür immer ein Interesse aus Ihrer Landkarte oder Auswahl vor, und notieren Sie es in der Mitte eines leeren Blattes. Versuchen Sie dann, nacheinander auf jede Frage möglichst viele Antworten zu finden.

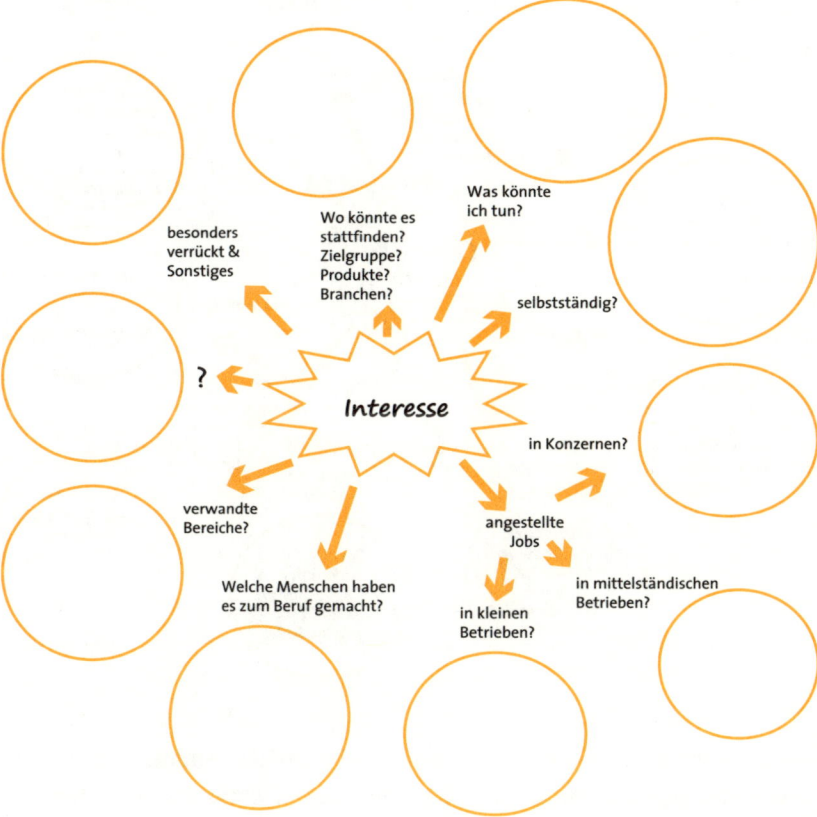

Ganz wichtig: Die Fragen sollen Sie lediglich anregen und auf viele Ideen bringen – es ist deshalb vollkommen unwichtig, wo Sie einen Einfall eintragen, ob er zu der Frage passt oder nicht! Auch Doppelungen sind okay. Wahrscheinlich werden Ihnen auch Fragen in den Sinn kommen, die Sie unbedingt festhalten sollten.

Und hier ein Beispiel mit Ideen, die mir zum Thema »Segeln und Boote« spontan eingefallen sind (als jemand, der keine Ahnung hat vom Segeln):

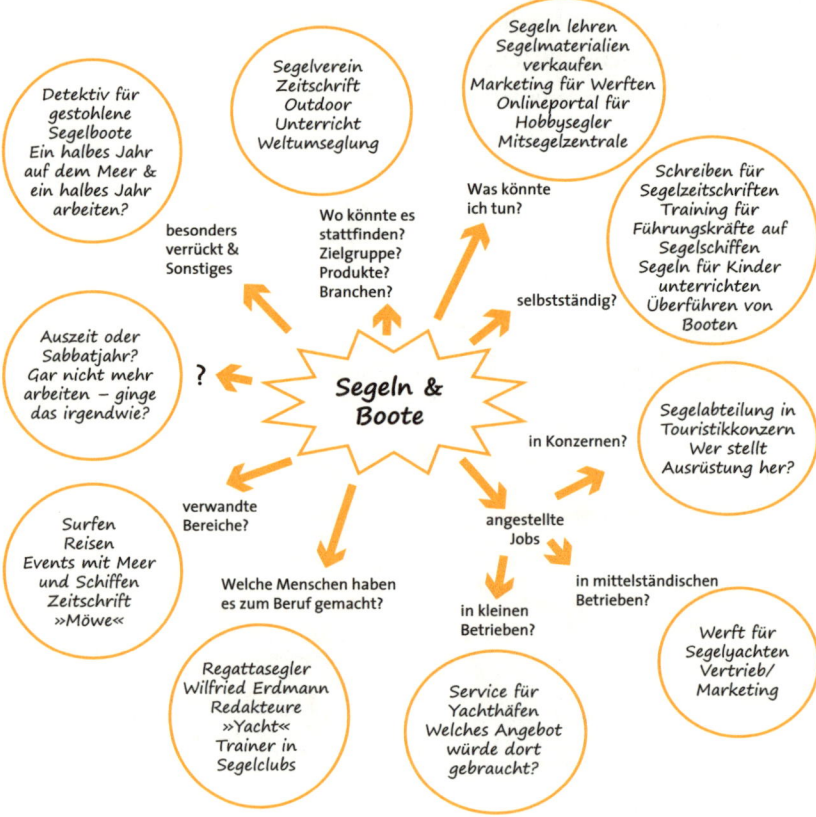

Wenn Ihnen zu einem Interesse nichts mehr einfällt, nehmen Sie sich ein neues Blatt und starten mit dem nächsten, bis Sie entweder alle Interessen

Ihrer Auswahl bearbeitet haben oder bis Ihnen der Kopf schwirrt und Sie den Eindruck haben, dass es erst einmal genug ist. Je mehr Begriffe auf Ihrer Interessen-Landkarte stehen, desto mehr Ähnlichkeiten und Überschneidungen wird es geben – das ist okay. Und Sie müssen natürlich nicht jeden Punkt mit der Analysebrille bearbeiten. Beenden Sie die Arbeit, wenn Sie den Eindruck haben, dass Ihnen nichts Neues mehr einfällt.

Gehen Sie nun alle Analyseblätter noch einmal durch, und übertragen Sie alle Jobideen, die Ihnen nur halbwegs interessant erscheinen, auf Ihre noch leere Landkarte. Nutzen Sie wieder das ganze Blatt, indem Sie schön viel Platz zwischen den Punkten lassen, die wenig oder nichts miteinander zu tun haben. Ähnliches kann dann auch hier beieinander stehen.

Bisoziieren Sie doch mal!

Der Begriff »Bisoziation« kommt aus der Kreativitätsförderung und meint einen einfachen Vorgang: Wir alle wissen, was eine Assoziation ist: Wenn unser Gehirn beispielsweise mit einem Wort, einem Bild oder einer Melodie konfrontiert wird, liefert es spontan Worte, Bilder, Einfälle, Gefühle, die es mit dem Auslöser verknüpft hat. Die Verbindung ist oft alles andere als logisch oder nachvollziehbar. Aufgrund von Erfahrungen, die wir vielleicht schon lange vergessen haben, hat das Hirn einen Verweis angelegt und öffnet deshalb »Schubladen« mit Informationen. Wenn ich Sie jetzt bitten würde, alles aufzuschreiben, was Ihnen zu »Auto« einfällt, kämen wahrscheinlich ziemlich viele Assoziationen zusammen.

Wir können unsere grauen Zellen aber auch mit zwei unterschiedlichen Informationen gleichzeitig füttern. Nehmen wir zum Beispiel »Auto« und »Urlaub« – dazu werden Ihnen ganz bestimmt andere Dinge einfallen als mir. Und richtig spannend wird es, wenn wir zwei Inhalte kombinieren, die auf den ersten Blick wenig miteinander zu tun haben. Denken Sie doch bitte einmal eine Minute an »Auto« und »Goldhamster«. Was kommt Ihnen dazu in den Sinn? Logisch betrachtet ist die Schnittmenge relativ klein. Aber wenn Sie die beiden Begriffe lange genug in Ihrem Hirn bewegen, wird Ihnen ganz bestimmt etwas einfallen. Wahrscheinlich würde ich dies kaum nachvollziehen können, da es eben *Ihre* Gedankengänge sind. Auf diese Weise locken wir Einfälle aus unserem Gehirn, auf die wir sonst nicht kommen würden. Dies nennt man Bisoziation. Und die können Sie sich hier zunutze machen:

Begriffspaare aussuchen: Nehmen Sie sich ein Blatt Papier, und konzentrieren Sie sich bitte auf Ihre Interessen-Landkarte. Es geht jetzt darum, Paare Ihrer Interessen und Neigungen zu bilden und nebeneinander zu schreiben. Suchen Sie einen Begriff aus, und überlegen Sie, mit welchem anderen Sie diesen kombinieren wollen. Sie können natürlich Begriffe aussuchen, die auf den ersten Blick miteinander verwandt sind wie »Segeln« und »in der Natur sein«. Größeres Potenzial haben aber Paarungen, die anscheinend wenig zueinander passen wie »Segeln« und »Ratgebertexte schreiben« oder »Gruppen von Menschen etwas beibringen« und »Mit dem Rucksack durch Asien reisen«.

Finden Sie also bitte jetzt mindestens zwanzig Begriffspaare – und trauen Sie sich dabei ruhig, auch richtig schön verrückt zu sein! Okay?

Brainstorming: Und dann geht es los mit dem Bisoziieren: Nehmen Sie sich jeweils ein Begriffspaar, notieren Sie es in der Mitte eines neuen Blattes und schreiben Sie dann alles auf, das Ihnen dazu einfällt. Es muss wirklich nicht logisch sein! Je assoziativer, spielerischer oder intuitiver dieser Prozess ist, desto eher werden Ideen entstehen, die Ihnen sonst nie in den Sinn gekommen wären. Lassen Sie sich genug Zeit – auch bei Paarungen, zu denen Ihnen scheinbar gar nichts einfallen will. Erst wenn der Gedankenstrom ganz versiegt ist, legen Sie das Blatt zur Seite, nehmen sich ein neues und das nächste Begriffspaar und machen weiter. Am Ende dieses Schritts haben Sie also für jede Paarung ein Blatt mit Ihren Brainstorming-Ergebnissen.

Ausstellen: Am besten lassen Sie sich einen Tag Zeit, um etwas Distanz nach dem letzten Arbeitsschritt zu bekommen. Dann legen Sie bitte alle Blätter vor sich auf den Fußboden oder hängen sie an eine Wand. Lassen Sie Ihre Aufmerksamkeit in Ruhe darüber wandern, als würden Sie sich eine Ausstellung

Highway No. One fahren

Intelligente Computerspiele

Menschen dazu bewegen, ökologischer zu leben

Texte verfassen

Landschaften fotografieren

Komplizierte Zusammen- hänge einfach erklären

Sinnvolle PC-Anwendungen

Möbel bauen

nachhaltig leben

Wohnungen mit wenig Geld originell einrichten

Gibt's das schon?
Wer verkauft schon solche Möbel???

Einrichtungsplaner für Möbel von verschiedenen Anbietern

...öbel für PCs
...d Notebooks
...entwerfen

Einrichtungsplaner programmieren

bau's dir selbs...

Sinnvolle PC- Anwendungen

& Möbel bauen

Bauanleitungen für Möbel im Internet

Website für originelle Möbel

Website für Möbel aus Asien + Afrika

Website, auf der Möbelbauer ihre Möbel anbieten können

Fairtrade für Möbel?

Achtung Stolperstein!

Zwischendurch ein Tipp: Hier ist viel von Kreativität und Querdenken die Rede – das bedeutet wirklich nicht, dass in Ihnen jetzt unbedingt ein Feuerwerk an bunten Ideen statt finden muss! Wenn Ihnen ungewöhnliche und ungewohnte Gedanken kommen, ist das wunderbar. Aber das muss nicht sein! Es gibt hier kein richtig und falsch, und es wäre schade, wenn Sie unzufrieden mit sich und Ihren Ergebnissen wären, nur weil sie Ihnen nicht strahlend und neu genug erscheinen. Die Mehrzahl der Menschen hat hier ganz »bodenständige Ideen«, und das ist völlig okay. Okay?

anschauen. Fragen Sie sich dabei, welche Jobideen Ihnen dazu in den Sinn kommen. Notieren Sie bitte alle! Es wäre schön, wenn Sie Ihre »Ausstellung« einige Tage liegen oder hängen lassen können, sodass Sie immer wieder einen Blick darauf werfen können. Denn Sie wissen ja: Die spannenden Einfälle lassen sich meistens etwas Zeit, bevor sie bei uns anklopfen.

Übertragen Sie abschließend Ihre Ergebnisse der Bisoziation in Ihre Landkarte.

Noch ein Blick auf Ihre Vision

Ich hatte Ihnen ja schon angekündigt, dass Sie »Ein Blick nach übermorgen« noch beschäftigen wird. An dieser Stelle möchte ich Sie noch einmal bitten, sich Ihre Aufzeichnungen dazu anzuschauen. Dieses Mal mit dem Fokus: Welche Jobideen haben Sie darin beschrieben? Und welche kommen Ihnen jetzt in den Sinn, wenn Sie von Ihrer Vision lesen oder Ihre Collage betrachten?

Es wäre schön, wenn Sie in den nächsten Tagen noch einmal den Gedanken an Ihre Vision in Kopf und Herz mit sich nehmen. Lassen Sie sich von Ihrer Vision begleiten, vielleicht auch auf einen Spaziergang.

Und noch ein Blick auf Ihre Traumberufe

Auch die Aufzeichnungen zu Ihren alten und aktuellen Traumberufen im letzten Kapitel wollen wir hier noch einmal nutzen: Sind sie vielleicht eine Nummer zu groß, um aus ihnen direkt Jobideen zu machen? Steht »Astronaut« oder »Profitänzer« nicht (mehr) zur Debatte?

Sie haben ja bereits analysiert, welche Interessen in Ihren Traumjobs stecken. Bitte notieren Sie jetzt jeden Traumjob in der Mitte eines leeren Blatts und darum alle Interessen, die Ihnen dazu eingefallen sind. Überlegen Sie dann, wie Sie daraus etwas »kleinere« Traumjobideen machen können.

Ein Beispiel: Sie wären gern Astronaut? Am Astronautendasein finden Sie es spannend, auf sich allein gestellt technische Lösungen finden zu müssen? Was wäre das ein paar Nummern kleiner? Wartungstechniker für Anlagen, die irgendwo in der Natur stehen? Strommasten? Leuchtturmwärter? Gelber Engel beim ADAC?

Sehen Sie diese Übung bitte nicht so eng und bierernst, sondern mit einem Lächeln! Notieren Sie alles, was nicht völlig versponnen ist. Sie sollen ja für diese Jobideen nicht gleich Bewerbungen schreiben ...

Jetzt kommen andere Menschen ins Spiel

Natürlich ist es auch in diesem Kapitel sinnvoll, andere Menschen mit ihrer Kreativität einzubinden.

1. Fragen Sie doch bitte Menschen, denen Sie vertrauen, welche Jobideen sie für Sie im Kopf haben. Formulieren Sie Ihre Frage möglichst weit und spielerisch: »Wenn Du an mich denkst, meine Fähigkeiten und Persönlichkeit: Was wären in Deinen Augen die idealen Jobs für mich?« Appellieren Sie an die Fantasie – verlangen Sie keine sofort umsetzbaren Lösungen. Holen Sie möglichst unterschiedliche Menschen ins Boot, klopfen Sie persönlich an oder per E-Mail.

2. Vielleicht mögen Sie mit einem Menschen gemeinsam brainstormen? Dann können Sie sich mit Ihrer Interessen-Landkarte vor ein großes Blatt Papier setzen und die Frage stellen: »Was könnte ich beruflich alles tun?« Sie können sich darüber austauschen und gegenseitig inspirieren. Oder jeder von Ihnen schreibt schweigend seine Gedanken auf, und Sie reagieren ausschließlich schriftlich aufeinander. Wenn Sie Ihre berufliche Neuorientierung von einem Coachingteam begleiten lassen, ist dies bestimmt ein ideales Forum zum gemeinsamen Brainstormen. Natürlich haben Kritik und die Frage nach der Realisierbarkeit auch hier nichts zu suchen. Aber das wissen Sie ja.

3. Gute Ideen kann man schließlich auch im größeren Kreis bei einem Glas Prosecco haben: Was halten Sie davon, eine Brainstorming-Party zu veranstalten? Ich weiß, das ist nicht jedermanns Sache. Aber es könnte eine Menge Spaß machen und Sie auf ganz neue Ideen bringen! Laden Sie drei bis maximal zehn (sonst wird es unübersichtlich) Leute ein, sich mit Ihnen gemeinsam Gedanken über Ihre berufliche Zukunft zu machen. Verkleiden Sie eine Wand, einen Schrank oder Fußboden mit Papier, und le-

gen Sie bunte Stifte bereit. Schreiben Sie groß darüber: »Was könnte ich alles beruflich machen?«

Wichtig ist, dass Sie mit der Einladung klar kommunizieren, worum es Ihnen geht, und während der Veranstaltung vorgeben, was Sie von Ihren Gästen erwarten. Wenn Sie Ihr Anliegen zur Nebensache machen, könnten Sie enttäuscht werden. Trauen Sie sich ruhig zu sagen, wie Sie es sich wünschen und was genau Sie brauchen. Dann könnte es eine sehr lohnende Veranstaltung werden!

Sind bei Ihrem Brainstorming noch neue Ideen hinzugekommen? Notieren Sie auch diese auf Ihrer Ideen-Landkarte!

Tauschen Sie doch mal Ihren Job!

Möchten Sie noch einmal Ihre Fantasie ins Spiel bringen? Dann stellen Sie sich doch bitte vor, Sie könnten mit jemandem für ein Jahr den Job tauschen. Keine schlechte Idee, oder? Auch wenn es eine Fantasie bleibt, könnten sich daraus einige neue Jobideen entwickeln. Und weil es eine Fantasie ist, haben Sie selbstverständlich völlig freie Auswahl! Ich schlage Ihnen vor, in vier Schritten vorzugehen und sich erst einmal zu notieren, wer Ihnen als Tauschpartner in den Sinn kommt. Mit welchem Menschen würden Sie gern einmal den Job tauschen

- in Ihrem Bekanntenkreis?
- im Umfeld Ihres Arbeitsplatzes?
- in Ihrer Stadt?
- auf der Erde und im näheren Universum?

Haben Sie mindestens jeweils einen Menschen gefunden? Dann fragen Sie sich bitte jetzt – wie bei den Traumberufen –, was genau Sie an jedem dieser Jobs interessiert oder fasziniert. Überlegen Sie, welche Jobideen für Sie darin zu finden sind. Und vielleicht versuchen Sie auch hier, eine kleinere Variante daraus zu machen, wenn die Idee Ihnen »eine Nummer zu groß« erscheint.

Ihre Ergebnisse übertragen Sie wieder in Ihre Landkarte der Jobideen!

Was für Sie noch interessant sein könnte

Während Sie an Ihrer Landkarte arbeiten, möchte ich Ihnen für Ihre Ideenfindung einige Tipps geben – und Sie vor einigen mentalen Hindernissen »warnen«, die sich Ihnen dabei in den Weg stellen könnten.

Warum Logik allein Ihnen nicht weiterhilft

Martina, 41, IT-Beraterin
»Ich habe mir wirklich große Mühe gegeben, meine Interessen zu sammeln – es sind allerdings nicht sehr viele zusammengekommen. Auf meiner Landkarte stehen nur ein paar Begriffe wie ›Schulungen, Reisen, im Team arbeiten, Schreiben, Natur, Unabhängigkeit‹. Jetzt brüte ich stundenlang über meiner Mindmap – aber mir fallen nur Sachen ein wie ›IT-Schulungen anbieten, Bücher über Software schreiben, mich selbstständig machen (aber womit außer Beratung???)‹. Ich möchte doch etwas ganz anderes machen! Aber ich lande gedanklich immer nur wieder dort, wo ich schon ewig herumkrieche. Sehe ich den Wald vor lauter Bäumen nicht?«

Die Sammlung von Martinas Interessen war wirklich nicht sonderlich groß. Auf den ersten Blick fiel außerdem auf, dass sie mit recht allgemeinen Begriffen gearbeitet hatte. Die »Natur« lieben viele Menschen – nur was genau interessierte Martina? Auch »Schulungen« oder »Schreiben« sind ziemlich weite Felder. Damit machte sie es sich nicht gerade leicht.

Und dann erwartete sie anscheinend von sich, aus diesen wenigen Begriffen einen neuen Job stricken zu können – so, als würde man einen Computer damit füttern, um dann etwas ganz Neues und Überraschendes als Ergebnis zu erhalten. Aber das kann nicht funktionieren. Um auf neue Ideen zu kommen, muss unser Gehirn mit möglichst viel Material versorgt werden, sonst kann es kaum kreativ werden. Martina hat ihre grauen Zellen mit Magerkost gefüttert, sodass es gar kein Wunder war, dass Inspirationen ausblieben.

Viele Menschen glauben, allein durch logische Verknüpfung von Interessen und Kompetenzen auf neue Jobideen zu kommen. Tatsächlich arbeiten viele Ansätze der beruflichen Neuorientierung so: Schrittweise werden Kompetenzen, Interessen und Kriterien zusammengetragen – und am Ende wird daraus der optimale Job gefolgert. Selten ist das Ergebnis dann aber wirklich neu oder gar überraschend. Wie sollte es auch? So funktionierte auch die Berufsberatung in meinen jungen Jahren: »Sie wollen etwas mit Menschen machen? Studieren Sie doch Medizin.« Bei mir ging das ja ziemlich in die Hose. Und Ähnliches höre und lese ich immer wieder: Sie organisieren gern? Werden Sie doch Eventmanager. Sie sind ein Allrounder? Warum nicht ein Assistenzjob. Sie wollen helfen und beraten? Dann sollten Sie Coach werden. Und Reiter werden schließlich immer gebraucht… (sagte Loriot).

Mit solchen Antworten geben sich aber die wenigsten zufrieden – glücklicherweise. Haben Sie schon einmal versucht, ein komplexeres Entscheidungsproblem mit einer Pro- und Kontra-Liste zu lösen? Und hat es Ihnen geholfen? Wahrscheinlich nicht – denn am Ende entscheiden wir meistens aus dem Bauch. Auch wenn uns einreden, streng rational vorgegangen zu sein.

Ohne Ihr Bauchgefühl wird die berufliche Veränderung eine wenig fruchtbare Veranstaltung. Ich erzähle dies vor allem denjenigen unter Ihnen, die meinen, ihren Suchprozess allein durch Analyse und Logik erledigen zu können. Wenn Sie rat- und ideenlos sind, hat so ein Vorgehen absolut keinen Sinn, auch wenn diese Herangehensweise Ihnen noch so vertraut ist. Die logische Verarbeitung von Fakten schafft nichts Neues. Ich kann den rechenstärksten Computer mit allem füttern, was ich über mich weiß, auch er wird mir kaum Vorschläge liefern können, die viel näher an mir und meiner Persönlichkeiten liegen als das, was ich ohnehin schon wusste.

Ich habe so schrecklich viele Ideen!

Während die einen über ihren Mangel an Kreativität und Ideen klagen, empfinden andere ihre »zu vielen Ideen« als großes Hindernis. Immer wieder kommen Menschen zu mir, die in ihrer Ideenflut das Hauptproblem sehen.

Bernd, 43, angestellter Grafiker

»Ich wünschte, ich könnte mich endlich mal auf eine Jobidee konzentrieren! Aber ich kann Ihnen sofort fünf oder sechs Möglichkeiten aufzählen, die ich alle richtig spannend finde – in der Werbung oder PR, in verschiedenen sozialen Bereichen, selbstständig oder angestellt. Und wenn Sie mich in der nächsten Woche danach fragen, sind ganz bestimmt neue Ideen dazu gekommen. Aber am Ende setze ich nichts davon um. So geht das schon, so lange ich denken kann. Ich wünschte, ich hätte etwas weniger Fantasie ...«

Dabei trifft seine Fantasie wirklich keine Schuld: Bei Menschen mit Bernds Anliegen stelle ich meistens nach kurzem Gespräch fest, dass nicht ihre Ideenflut das Problem ist. Ganz im Gegenteil, viele bunte Ideen sind immer ein wunderbares Reservoir an Möglichkeiten – *wenn* denn eine davon einmal die Chance bekommt, weiterentwickelt zu werden! Aber so weit kommt Bernd gar nicht, weil er sich viel zu schnell wieder mit der nächsten Idee befasst. Erinnern Sie sich an das Disney-Modell im letzten Kapitel? Bernd würde darin den ersten Raum, in dem es ausschließlich um Entwicklung geht, gar nicht verlassen.

Es ist also ein Problem des Selbstmanagements und der mangelnden Planung, wenn jemand im ersten Schritt der Jobentwicklung hängen bleibt. Ideen entstehen dann zwar, werden aber nicht konkretisiert, formuliert und nicht weiter verfolgt. Spätestens wenn neue Ideen dazu kommen, verlieren alte scheinbar an Attraktivität.

Auf diese Weise wird es niemals ernst, und es besteht keine Gefahr, dass irgendetwas davon jemals umgesetzt wird. Bernd ist anscheinend einer Vermeidungsstrategie und seinem Mangel an Struktur auf den Leim gegangen. Sollte es Ihnen ähnlich wie Bernd gehen: Keine Sorge, je mehr Ideen Sie haben, desto besser – für Sie ist entscheidend, wie Sie klug damit umgehen.

Muss ich denn unbedingt das Rad neu erfinden?

Vielleicht denken Sie, dass ich von jedem Neuorientierer verlange, sein Job-Rad völlig neu zu erfinden. Und dass jeder grundsätzlich auf Ideen und Gedanken kommen muss, an die er noch niemals gedacht hat. Nein, das wäre wohl ein bisschen zuviel verlangt. Es ist zwar durchaus möglich, dass dies geschieht, aber es ist weder die Regel, noch sollten Sie die Messlatte so hoch legen.

Möglicherweise hatten Sie schon eine bestimmte berufliche Entwicklung oder gar eine konkrete Tätigkeit im Sinn, bevor Sie sich dieses Buch zulegten? Dann kann dieser Jobfindungsprozess Ihnen helfen, dem auf den Zahn zu fühlen und zu überprüfen, ob es andere, stimmigere Alternativen gibt. Es geschieht nicht selten, dass jemand am Ende seine anfängliche Lieblingsidee bestätigt sieht. Und ich habe noch nie erlebt, dass jemand darüber unglücklich war! Viel eher wird es als Erleichterung empfunden, auf der richtigen Spur gewesen zu sein.

Wenn wir uns für Weg A entscheiden, entscheiden wir uns damit eben auch gegen die Wege B und C, jedenfalls für den Moment. Deshalb vermeiden es manche Menschen lieber, eine Entscheidung zu treffen, als Möglichkeiten auszuschließen und dies eines Tages zu bereuen. Auch wenn sie im Grunde wissen, dass ihr Weg A die beste Option ist. Um ihnen Sicherheit für ihre Entscheidung zu geben, ist es deshalb in jedem Fall sinnvoll, einen breiten Suchprozess zu durchlaufen – auch wenn am Ende dabei wenig überraschend herauskommt, dass Weg A der rechte ist.

Und manchmal hat jemand eine berufliche Idee, einen Traum, schon sehr, sehr lange – manche seit ihrer Jugend. Im Laufe der Jahre, der Sachzwänge und diversen Vermeidungsstrategien wurde dieser Traum aber verschüttet und verdrängt. Ich habe schon erlebt, dass jemand mitten im Prozess der Neuorientierung strahlend in meine Praxis kommt und berichtet, da gäbe es noch etwas, das ihm nach langer Zeit wieder in den Sinn gekommen sei. Und dann war plötzlich völlig klar, dass es jetzt an der Zeit ist, diese Idee endlich zu verwirklichen. So hat eine Klientin von mir tatsächlich nach einer erfolgreichen Beraterkarriere begonnen, Tiermedizin zu studieren – denn das hatte sie schon als Mädchen gewollt!

Ich erzähle Ihnen dies, damit gar nicht erst das Bild entsteht, Sie müssten das Rad hier neu erfinden, sonst hätte die ganze Suche keinen Wert gehabt. Entscheidend ist in meinen Augen, sich so gut wie möglich den eigenen Wünschen zu öffnen und mit ganzen Herzen auf die Suche zu gehen. Was Sie dann finden, wird ganz bestimmt gut sein – auch wenn es nicht die nagelneue, alles in den Schatten stellende Idee ist.

Bill Gates, Lady Gaga und der positive Egoismus

Für viele Menschen ist es nicht leicht, die eigenen Ideen, Interessen und Bedürfnisse in den Mittelpunkt Ihres Denkens zu stellen. Schließlich haben wohl die meisten von uns gelernt, dass das Leben nun mal kein Ponyhof und auf keinen Fall ein Wunschkonzert ist. Folglich müssen wir uns zufrieden geben mit dem, was wir haben. Oder wir müssen nach dem Job greifen, den man uns anbietet. Arbeit als Selbstverwirklichung, die möglicherweise sogar Spaß machen soll? Wo kämen wir da hin? Womöglich eine »sichere Anstellung« dafür aufgeben?

Claudia, 31

Claudia hatte bisher als Sekretärin gearbeitet. Nach Ihrer Elternzeit kam sie zu mir, um darüber zu sprechen, wie es mit ihr beruflich weitergehen könnte.

Natürlich wäre es naheliegend gewesen, einfach in Teilzeit weiterzumachen. Aber Claudia befürchtete, den Absprung nicht mehr zu schaffen, wenn sie erst wieder einige Jahre »in der alten Tretmühle« gearbeitet hat. Denn ihr sehnlichster Wunsch war es schon sehr lange, als Heilpraktikerin zu arbeiten. In ihrem Umfeld hatte allerdings kaum jemand Verständnis dafür. Abgesehen davon, dass es Heilpraktiker wie Sand am Meer gäbe, könne sie doch unmöglich als junge Mutter an ihre Karriere denken! Und so war auch die erste Frage von Claudia an mich, »ob es denn in ihrer Situation nicht viel zu egoistisch sei, überhaupt an einen beruflichen Neuanfang zu denken«.

Wir leben zwar angeblich in einer Spaßgesellschaft – aber bei der Arbeit hört der Spaß anscheinend auf. Ich werde gar nicht selten von Klienten gefragt, wenn wir über ihre Wünsche an eine neue Tätigkeit sprechen, ob »man das denn überhaupt so machen, ob man so egoistisch sein dürfe«. So mancher wäre wohl gar nicht überrascht, wenn meine Antwort wäre: »Ja, was glauben Sie denn, wer Sie sind? Das können Sie doch nicht tun!« Nein, so etwas sage ich natürlich nicht.

Ich verweise lieber auf Menschen, die etwas Außergewöhnliches erschaffen haben – Wissenschaftler, Unternehmensgründer, Künstler, Erfinder. Ein Bill Gates oder eine Lady Gaga haben bestimmt nicht gefragt, ob es auch okay ist, wenn sie ihr Ding machen. Das kann ich mir zumindest nicht vorstellen. Ich bin davon überzeugt, dass nicht unbedingt Genialität oder Intelligenz die Hauptursachen für große Erfolge sind. Mindestens genauso wichtig sind Entschlossenheit und Engagement – oder ganz altmodisch: Hingabe. Okay, vielleicht ist es gerade nicht Ihr Ziel, ein Weltstar zu werden oder den Computer neu zu erfinden. Aber Neuorientierern hilft es enorm, wenn Sie sich eine Scheibe abschneiden von der Entschlossenheit erfolgreicher Leute. Ohne eine Portion von positivem Egoismus ist es schwer, sich etwas Neues zu schaffen.

Natürlich muss jeder für sich selbst entscheiden, wie sehr er seine Selbstverwirklichung in den Mittelpunkt seines Lebens stellen möchte. Nur sollte diese Entscheidung durch Nachdenken und Abwägen getroffen werden – und nicht, weil man unreflektiert davon ausgeht, etwas »doch unmöglich machen zu können«. »Erst alle anderen und dann vielleicht ich. Ein bisschen.« Mit so einer Haltung kommen wir nicht weit. Wenn Ihnen die Angst im Nacken liegt, in Ihrem Wunsch nach Veränderung womöglich viel zu egoistisch zu sein, sollten Sie sich unbedingt mit den Glaubenssätzen (siehe unten) beschäftigen, die dafür verantwortlich sind.

Claudia hat übrigens eine Lösung gefunden, die sie sich selbst und ihrem Umfeld gegenüber vertreten konnte: Sie entschied sich dafür, eine Heilpraktikerausbildung zu beginnen und bis zum Abschluss in Teilzeit als Sekretärin zu arbeiten – als Brot-und-Butter-Job. Weil ihr Kind nicht darunter leiden sollte, wollte sie sich ausreichend Zeit für die Ausbildung nehmen. Spätestens mit Beginn der Grundschule, wollte sie dann anfangen, als Heilpraktikerin zu arbeiten.

Noch ein Wort zu negativen Glaubenssätzen

- Das Leben ist kein Ponyhof/Wunschkonzert.
- Hochmut kommt vor dem Fall.
- Man muss die Kirche im Dorf lassen.
- Was Hänschen nicht lernt, lernt Hans nimmermehr.
- Schuster, bleib bei deinen Leisten.
- Wer hoch hinaus will, wird tief fallen.
- Bescheidenheit ist eine Zier.

Dies sind einige der Stars am Himmel der negativen Glaubenssätze. Wir alle kennen sie, haben sie tausendfach gehört und vielleicht auch schon oft gesagt. Als aufgeklärte, erwachsene Menschen zitieren wir sie natürlich mit Ironie. Denn wer denkt denn heute noch so beschränkt! Ja, vielleicht glauben wir, immun gegen sie zu sein, und immer aus freiem Willen und Vernunft zu handeln. Aber das ist wohl ein Trugschluss, denn viel öfter, als wir es merken, bestimmen negative Glaubenssätze unser Denken und Handeln:

- Wir spüren den Impuls, einem Menschen gegenüber authentisch zu sein, und möchten ihm sagen, was wir denken – aber wir lächeln lieb und halten den Mund, weil es unhöflich wäre, der andere schlecht von uns denken könnte, man seine Gefühle nicht zeigen darf, unser Gegenüber selbst darauf kommen muss und so weiter.

- Wir haben das Bedürfnis, für uns zu sorgen, weil wir überarbeitet sind oder jemand uns ausnutzt, und deshalb wollen wir Nein sagen und eine Grenze setzen – aber wir tun es nicht, weil man uns sonst für zickig, egoistisch oder faul hält oder weil man generell nicht Nein sagen darf.
- Wir möchten einem Menschen zeigen, dass wir ihn mögen – aber wir verhalten uns neutral bis abweisend, weil man unattraktiv oder schwach ist, wenn man seine Zuneigung zeigt, oder weil man uns ganz bestimmt auslachen würde.

Diese Beispiele sollen deutlich machen: Negative Glaubenssätze werden vor allem dann aktiv, wenn es darum geht, gewohnte Fahrwasser zu verlassen und die Grenzen unserer Komfortzone zu überschreiten. Sie sind quasi Werkzeuge zur Stressvermeidung, die uns dazu bewegen wollen, alles so zu lassen, wie es ist und immer war. In schwierigen, mehrdeutigen Situationen bieten sie uns schön einfache Lösungen an. Sie hätten gern einen Job, der Ihnen auch Spaß macht? Das könnte Ärger geben und schief gehen. Ich habe ja schon mehrmals betont: Veränderungen machen uns immer auch Angst, weil sie grundsätzlich Risiken mit sich bringen. Auf unserer Ich-Bühne haben wir daher immer Anteile, die uns bremsen wollen.

Und negative Glaubenssätze sind die perfekten Werkzeuge für unsere inneren Bremser, denn sie sind tief in uns verwurzelt. Glaubenssätze könnte man vergleichen mit Computerviren: Sie sind sozusagen »Denkviren«. Meistens werden sie in jungen Jahren eingeschleust in unser inneres System und nisten sich dort ein. In »potenziell gefährlichen« Situationen werden sie wach und mischen sich in einem Bruchteil einer Sekunde ein. Weil sie so schlicht und uns so sehr vertraut sind, sind sie fast immer »unwiderstehlich«. Und sie lösen eine starke emotionale Reaktion in uns aus: Ich denke beispielsweise darüber nach, für den Job meiner Wahl das Unternehmen zu kontaktieren, in dem ich am liebsten arbeiten würde. Eigentlich keine dumme Idee, wie wir noch sehen werden. Aber sofort habe ich nur noch im Hirn: »Das macht man nicht. Was sollen die denn denken. Ausgeschlossen«, und mir wird heiß und kalt. Negative Glaubenssätze sind Denkverbote, die sich uns in den Weg stellen wie ein Schlagbaum.

Damit gelingt es ihnen meistens, uns zu überrumpeln und somit zu verhindern, dass wir sie genauer anschauen, hinterfragen und womöglich für falsch befinden. Denn genau das sind negative Glaubenssätze immer und grundsätzlich: falsch! Auch wenn in ihnen ein Körnchen Wahrheit steckt – weil sie so schwarz-weiß und schlicht sind, können sie einfach gar nicht richtig sein. Wenn ich mit 55 daran denke, mich selbstständig zu machen, mag das mit Risiken verbunden sein. Aber »klassische« Glaubenssätze wie »Ich bin sowieso viel zu alt« oder »Selbstständige müssen 80 Stunden in der Woche arbeiten, und das kann ich nicht« sind schlicht und ergreifend Unsinn!

Ich thematisiere diese »fiesen, kleinen Lügen« an dieser Stelle, weil es hier um berufliche Ideen und damit um Ihre Fantasie und die Erlaubnis zum Querdenken geht. Wie gesagt: Diese zarten Pflänzchen sind schnell zertreten – und meistens sind es negative Glaubenssätze, die dies tun. Und das müssen wir unbedingt verhindern!

Also: Immer, wenn Sie sich dabei ertappen, wie Sie etwas sehr Pauschales, Einschränkendes sagen oder denken, drücken Sie sofort Ihre »innere Stopp-Taste« (siehe Kapitel »Die Werkzeuge des Selbstcoachings«). Negative Glaubenssätze gehören erst einmal auf Ihre Bedenkenliste. Und wenn sie zu sehr nerven und sich in den Vordergrund drängen, ist es höchste Zeit, ihnen auf den Zahn zu fühlen. Benutzen Sie dafür die Werkzeuge zur Blockadelösung. Wenn Sie erst einmal verstanden haben, welche »Lieblings-Glaubenssätze« Sie häufig behindern, kleinmachen und zurückhalten, können Sie daran arbeiten, sie immer schneller zu erkennen und unschädlich zu machen.

Checkpoint

Haben Sie die Arbeit an diesem Kapitel abgeschlossen? Dann möchte ich Sie bitten, sich eine Stunde zu nehmen, um den Stand der Dinge zu überprüfen.

☐ *Sind Sie zufrieden mit Ihrer Landkarte?*

Wie geht es Ihnen, wenn Sie jetzt auf Ihre Jobideen schauen? Was sagt Ihr Bauch dazu? Ist er ein bisschen nervös, weil es so viele sind oder einige davon abwegig und verrückt erscheinen? Dann ist alles im grünen Bereich – und Sie haben sich getraut, auch mal Denkgrenzen zu überschreiten.

Spüren Sie gerade gar kein Gefühl, weder ein gutes noch ein schlechtes? Dann rate ich Ihnen, die Arbeit an dieser Stelle für ein paar Tage zu unterbrechen und diesen Checkpoint dann noch einmal zu starten. Vielleicht brauchen Sie einfach ein wenig Distanz.

Sollte es bei dem »Nicht-Gefühl« bleiben, empfehle ich Ihnen, die Konflikt-Landkarte zu verwenden, um zu klären, ob dies ein Symptom einer mentalen Blockade ist.

Fühlen Sie sich gut und energievoll? Herzlichen Glückwunsch.

☐ *Wie sehen Ihre Jobideen aus?*

Ich habe schon sehr viele Menschen bei dieser Arbeit begleitet und festgestellt, dass Ideen-Landkarten sehr unterschiedlich aussehen können. Der eine hat dort fünf Jobideen stehen – ein anderer fünfzig oder mehr. Die Quantität allein ist nicht so wichtig. Toll wäre es, wenn es Ihnen gelungen ist,

- recht unterschiedliche Ideen zu finden,
- die Sie attraktiv finden,
- mit einer echten Chance auf Realisierung.

Auch wenn es nur eine einzige Jobidee ist, auf die die letzten beiden Punkte zutreffen, haben Sie eine gute Ausgangsbasis für den dritten Schritt im nächsten Kapitel.

Nicht gut wäre es, wenn keine Idee Ihnen auch nur halbwegs attraktiv erscheint. Dann hat es keinen Sinn, hier weiter zu gehen – denn welches interessante Jobprojekt könnte daraus entstehen?

Sollte es bei Ihnen so sein, rate ich Ihnen, noch einmal zurückzugehen zum Ende des zweiten Schritts. Waren Sie da zufrieden mit der Sammlung Ihrer Interessen und Neigungen? Ja? Dann ist es Ihnen anscheinend nicht gelungen, Ihre Interessen in mögliche Jobs zu übersetzen. Vielleicht hatten Sie es zu eilig? Haben Sie innere Widerstände und negative Glaubenssätze davon abgehalten, über den Tellerrand zu schauen? Auf jeden Fall sollten Sie dieses Kapitel noch einmal durchlaufen – vielleicht mit der Hilfe eines Freundes oder eines Coaches.

Oder waren Sie am Ende des zweiten Schritts schon unzufrieden und haben trotzdem weiter gearbeitet? Dann muss ich Ihnen leider dringend empfehlen, sich für dieses Kapitel noch einmal ausreichend Zeit zu nehmen und sich ausführlich mit Ihren Interessen und Neigungen zu beschäftigen. Besonders ans Herz legen möchte ich Ihnen das Beispiel des Rechtsanwalts Norbert. Auch wenn es Sie noch so sehr drängt, den neuen Job so bald wie möglich zu starten, sollten Sie erst weitermachen, wenn Sie ansatzweise wissen, wo Ihre Interessen liegen.

☐ *Was sagt Ihr Projektbarometer?*
Inzwischen kennen Sie sich mit dem Selbstcoaching ja schon ganz gut aus. Was meinen Sie: Sind Sie auf Kurs? Oder sehen Sie Gründe, die Werkzeuge der Blockadelösung zurate zu ziehen? Mir ist es vor allem wichtig, dass meine Leser und Klienten Ihr Ziel erreichen – wie lange sie dafür brauchen, finde ich weniger relevant, angesichts der Berufsjahre, die noch vor ihnen liegen.

Also lieber im Zweifelsfall noch einmal zum Blockadecheck, als das nächste Kapitel mit Ladehemmungen zu starten.

☐ *Jetzt fehlt nur noch ein Blick auf Ihre Planung*
Sind Sie noch ungefähr im Zeitplan? Ist der Termin für Ihre Entscheidung noch realistisch? Haben Sie parallel zu Ihrem Alltag ausreichend Zeit für dieses Projekt? Ansonsten ist jetzt ein guter Zeitpunkt, Ihren Plan den Realitäten anzupassen. Es hat keinen Sinn zu glauben, dass Sie demnächst aufholen und dann wieder im Plan sein werden – das klappt eigentlich fast nie.

Und Sie wissen ja: Ein Zeitplan, der mehr Wunschtraum ist, als dass er Ihren Möglichkeiten entspricht, ist schlechter als gar kein Plan!

Schritt 4: Von der Jobidee zum Projekt

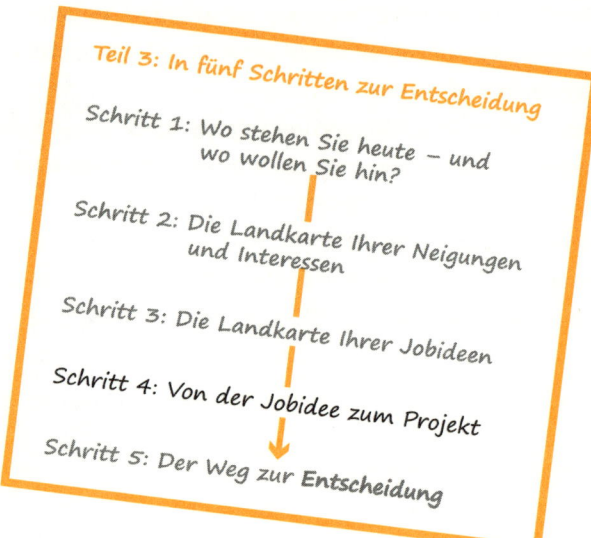

Teil 3: In fünf Schritten zur Entscheidung

Schritt 1: Wo stehen Sie heute – und wo wollen Sie hin?

Schritt 2: Die Landkarte Ihrer Neigungen und Interessen

Schritt 3: Die Landkarte Ihrer Jobideen

Schritt 4: Von der Jobidee zum Projekt

Schritt 5: Der Weg zur Entscheidung

In den beiden vorherigen Kapiteln haben Sie mehr oder weniger vage Ideen für mögliche Jobs gesammelt. Und im nächsten werden Sie sich entscheiden, wie es bei Ihnen beruflich weitergehen soll. Die meisten von Ihnen fühlen sich wahrscheinlich noch nicht in der Lage, so bald eine Entscheidung zu treffen – einigen dürfte allein der Gedanke daran ziemlich unbehaglich sein. In diesem Kapitel muss also einiges geschehen, um Ihre Ideen so weit zu entwickeln, dass eine vernünftige Entscheidung ohne Bauchschmerzen möglich wird.

Dafür ist es jetzt nötig, unsere Arbeits- und Denkweise um 180 Grad zu drehen. Während Sie bisher vor allem Ihre Kreativität und Fantasie eingesetzt und möglichst viele unterschiedliche Ideen entwickelt haben, ist jetzt Ihre Fähigkeit zur Analyse und Schlussfolgerung gefragt. Man könnte (zugegeben, neurobiologisch nicht ganz exakt) sagen, dass Sie im zweiten und dritten Schritt eher Ihre rechte Hirnhälfte anstrengen mussten – und dass jetzt vor allem die linke etwas zu tun bekommt.

Für Ihre Entscheidung brauchen Sie eine überschaubare Zahl von Optionen, die Sie gut durchdacht und auf ihre Chancen geprüft haben. Am Ende dieses Kapitels werden deshalb nur noch die Jobideen im Spiel sein, die Sie auch wirklich und ehrlich für realisierbar halten. Es muss also jetzt darum gehen, sie auf Herz und Nieren zu überprüfen. Was dabei herauskommen wird, werden keine *Ideen* mehr sein, sondern *Projekte*. Oder wenn wir das Beispiel unserer Haushaltsgeräte-Entwicklung noch einmal hervorholen: Wir brauchen jetzt funktionsfähige Prototypen!

Wir machen den Sack also jetzt zu. Was Sie bisher erarbeitet haben, ist das Material, mit dem es weiter geht – es wird (abgesehen von einer kleinen Ausnahme) nichts Neues mehr dazu kommen.

Achtung Stolperstein!

An diesem Punkt geraten manche Menschen in Panik: Solange noch alles möglich war und eher unkonkret blieb, waren sie mit Spaß und Engagement dabei. Aber jetzt sollen sie ihre Ideen auch ernst nehmen und womöglich gar umsetzen? Da hört der Spaß schnell auf! Sie fühlen sich plötzlich lust- und energielos und finden ihre bisherigen Ideen nicht mehr attraktiv. Sich jetzt nur noch mit Kriterien, Fragen der Umsetzung und einer Entscheidung beschäftigen zu sollen, empfinden einige als einengend. Es soll gefälligst weiterhin kreativ und spielerisch zugehen! Als Argument wird dann oft genannt, dass man wichtige Ideen verhindert, die ja möglicherweise noch kommen könnten.

So nachvollziehbar dies auch ist – hier lauert eine Falle: Höchstwahrscheinlich stecken dahinter eher Angst und innere Widerstände. Klar, es könnte uns immer noch etwas Neues einfallen. Aber was haben wir davon, wenn wir uns sowieso vor der Realisierung drücken?

Den Weg von der Jobidee zum Jobprojekt unterteile ich in drei Arbeitsphasen:

- Zu Beginn werden wir uns mit Ihren Fähigkeiten beschäftigen und Ihr *Kompetenzprofil* erarbeiten. Damit werden wir prüfen, für welche Jobideen Sie besondere Fähigkeiten mitbringen und welche mit Ihrem derzeitigen Potenzial schwieriger umzusetzen sind.
- Dann werden Sie eine *Auswahl* der Jobideen treffen, die Sie anschließend als Projekte weiter verfolgen wollen.
- In der Phase der *Projektentwicklung* werden Sie Ihre Jobprojekte so detailliert wie möglich ausarbeiten und für den Entscheidungsprozess vorbereiten.

Das Kompetenzprofil: Ihre Fähigkeiten kommen ins Spiel

Ich habe Ihnen ja schon erklärt, warum ich Kompetenzen nicht schon zu Beginn des beruflichen Suchprozesses einfließen lasse – erst einmal wollte ich Ihren Interessen und Träumen die Möglichkeit geben, sich zu Wort zu melden. Aber natürlich sollten Sie keinesfalls ignorieren, ob Sie für eine Jobidee das nötige Handwerkszeug mitbringen oder eben nicht.

Wenn ich beispielsweise am liebsten als Werbetexter arbeiten möchte, aber kein Gefühl für Sprache und Originalität mitbringe, oder wenn ich mich selbstständig machen will, aber null Talent für Selbstorganisation, Akquise und Verkauf habe – es wäre wohl ziemlich blauäugig, mein Projekt trotzdem durchzuziehen. Sicher, vieles kann man lernen – einiges aber nur mit sehr hohem Aufwand. Man sollte an dieser Stelle des Entscheidungsprozesses sehr, sehr ehrlich mit sich selbst sein!

Denn so mancher ist schon voller Begeisterung aus einem Jobfindungsseminar gekommen und musste später beim Aufprall auf die Realität feststellen, dass er leider überhaupt nicht das Zeug zu seinem Traumjob hat.

Damit Ihnen das nicht passiert, werfen wir jetzt einen Blick auf Ihre Fähigkeiten. Das Ziel dieses Arbeitsschritts ist Ihr Kompetenzprofil. So nenne ich eine Sammlung Ihrer Kernfähigkeiten und unterscheide dabei zwischen

- A-Kompetenzen, über die Sie schon in hohem Maße verfügen, und

- B-Kompetenzen, die Sie in Zukunft weiter entwickeln und verstärkt anwenden wollen.

Es kommt nämlich nicht selten vor, dass jemand einfach nicht mehr tun möchte, was er besonders gut kann: Eine Sekretärin hat über viele Jahre ihr Organisationstalent entwickelt, ein Sozialarbeiter ist großartig darin, Menschen aufzubauen und zu motivieren, oder eine Juristin kann sofort eine schwierige rechtliche Frage durchschauen – aber alle drei wollen mit ihren Bereichen nichts mehr zu tun haben. Möglicherweise können sie dann mit ihren A-Kompetenzen weniger anfangen und richten ihr Augenmerk eher auf die B-Kompetenzen.

Ihr Kompetenzprofil wird Ihnen später dabei helfen zu unterscheiden, für welche Jobideen Sie die nötigen Fähigkeiten schon mitbringen und wo Sie bestimmte Kompetenzen entwickeln müssten. Außerdem können Sie Ihr Profil dazu verwenden, den Schwerpunkt einer Jobidee so zu verschieben, dass Sie einen Kompetenzvorteil optimal nutzen können. Dazu später mehr. Und schließlich wird es eines Tages für Sie sehr hilfreich sein, ein klares Bild Ihrer Fähigkeiten zu haben, nämlich wenn Sie sich bewerben oder sich selbstständig machen. Denn wer nicht weiß, was er kann, oder sich nicht traut, das auf den Punkt zu bringen, kann sich auch nicht gut verkaufen.

Jetzt geht es erst einmal darum, schrittweise möglichst viele Ihrer Kompetenzen zu sammeln, bevor Sie dann später eine Gewichtung vornehmen. Ich werde Ihnen dazu wieder einige Hilfestellungen geben.

Bitte tragen Sie alle Fähigkeiten, auf die Sie jetzt stoßen, in *eine* Mindmap ein. Besonders wichtig ist dabei, dass Sie jede Fähigkeit so spezifisch wie möglich definieren, denn mit zu allgemeinen, schwammigen Kompetenzen können wir wenig anfangen.

Ein Beispiel: Sie notieren spontan »Lehren«. Fragen Sie dann genauer: Sie können anderen Menschen gut Wissen vermitteln? Was für Menschen? Welcher Altersgruppe? Welche Inhalte? Auf welche Weise und mit welchen Medien?

Achtung Stolperstein!

Wir alle kennen »Wischiwaschi-Kompetenzen« wie »Ich bin teamorientiert, ehrgeizig und flexibel«. Mancher sagt so etwas über sich in Bewerbungsschreiben und -gesprächen – aber damit ist wirklich kein Blumentopf zu gewinnen! Mit solchen Floskeln können Sie bei Ihrer Neuorientierung kaum etwas anfangen. (Und für Ihre Selbstpräsentation sind sie ein glatter Schuss ins eigene Knie, denn sie sagen in Wirklichkeit: »Ich bin fantasielos, gebe mir wenig Mühe und versuche, es jedem recht zu machen.«)

Neben Ihren A- und B-Kompetenzen sollten wir auch berücksichtigen, was Sie *nicht* gut können – und was Sie auch möglichst *nicht* lernen wollen, weil es nicht Ihr Ding ist.

Bitte legen Sie ein eigenes Blatt Papier neben Ihrer Mindmap für das Kompetenzprofil bereit.

Starten Sie mit einem Brainstorming

Fangen wir ganz locker an: Nehmen Sie sich eine Stunde Zeit, und notieren Sie alle großen und kleinen, wichtigen und unwichtigen Fähigkeiten, die Ihnen in den Sinn kommen. Verteilen Sie sie über das ganze Blatt. Schreiben Sie ruhig auch erst einmal schwammige, unkonkrete Punkte auf – fragen Sie sich aber dann bei jedem, wie Sie ihn noch spezifischer fassen können.

Fragen Sie sich: Was *genau* können Sie gut?

Nehmen Sie sich diese Aufgabe doch bitte für einige Tage mit in Ihren Alltag. Ganz bestimmt stolpern Sie immer wieder über Kompetenzen, die Ihnen vielleicht bisher als ganz selbstverständlich erschienen. Und bedenken Sie: Auch ganz kleine Fähigkeiten sind Fähigkeiten! Seien Sie bitte großzügig mit sich. Und wenn Sie allzu große Zweifel haben, ob Sie über eine Fähigkeit wirklich verfügen, versehen Sie sie einfach mit einem Fragezeichen.

Ihre aktuellen beruflichen Kompetenzen

Schenken Sie jetzt Ihrer aktuellen beruflichen Tätigkeit Ihre Aufmerksamkeit: Untersuchen Sie ganz genau, auf welche Fähigkeiten Sie dort zurückgreifen. Das werden einerseits sehr *spezifische* Qualifikationen sein, die charakteristisch für Ihren Beruf sind wie die Bedienung eines Geräts, Kenntnisse über Büroorganisation oder spezielle EDV-Anwendungen. Andererseits werden von Ihnen *globale* Kompetenzen verlangt, die auch in ganz anderen Berufen gebraucht werden wie Verkaufstalent, Einfühlungsvermögen oder das Erstellen von Excel-Tabellen.

Am besten, Sie beobachten Ihre Arbeit einige Tage. Fragen Sie sich auch, was Sie bisher in Ihrem aktuellen Unternehmen geleistet haben und was Ihre Arbeit generell kennzeichnet. Wenn Sie mit einem Projekt oder einer Aufgabe betraut wurden: Warum gerade Sie? Was zeichnet Sie besonders aus?

Ihre Erfolgsbiografie

Gehen Sie in der Zeitleiste immer weiter zurück, und untersuchen Sie jeden Ihrer bisherigen Jobs. Scannen Sie die Zeit Ihrer Ausbildung oder Ihres Studiums, und denken Sie sich dann durch Ihre Schulzeit bis zur ersten Klasse.

Notieren Sie dabei *alle* privaten und beruflichen Erfolge, die Ihnen in den Sinn kommen.

Wichtig ist dabei, dass es für *Sie* Erfolge waren – nicht, ob andere das ebenso sahen oder Sie heute meinen, »objektiv« sei das ja nicht so großartig gewesen. Haben Sie sich für einen Mitschüler eingesetzt? Wurden Sie zum Klassensprecher gewählt? Haben Sie ein besonderes Referat gehalten? Wurde ein Projekt von Ihnen sehr gelobt oder ausgezeichnet? Haben Sie trotz Lampenfiebers eine gute Präsentation hinbekommen? Haben Sie geholfen, dass aus Ihren Kindern tolle Menschen wurden?

Erstellen Sie auf diese Weise eine Liste all Ihrer kleinen und großen Erfolge.

Dann analysieren Sie für jeden einzelnen Punkt, welche Fähigkeiten Ihnen dabei geholfen haben – denn hinter jedem Erfolg stecken Kompetenzen.

Manchmal wird es schwer sein, Kompetenzen von Persönlichkeitseigenschaften oder Talenten zu unterscheiden; seien Sie im Zweifelsfall großzügig.

Übertragen Sie alle Fähigkeiten, über die Sie heute noch verfügen, in Ihre Mindmap – auch, wenn sie inzwischen etwas eingerostet sein sollten.

Computerprogramme schnell verstehen & anwenden

Excel

Bedürfnisse von Menschen erfassen

überzeugen (wenn ich überzeugt

verkaufen

Teamstrukturen erfassen

Präsentationen halten

interessant und lebendig erklären

Photoshop

sich einfühlen

mich in komplexe Systeme eindenken

schwierige Zusammenhänge verständlich machen

Was kann ich?

Menschen verstehen

Vertrauen gewinnen

Kompliziertes auf den Punkt brin

»Gutes Auge«

schreiben

mit Menschen sprechen

Sinn für Visuelles

Grafiken erstellen

präzise und verständlich

gerade über heikle Themen

Powerpoint-

z.B. Gebrauchsanweisu

Durch die Brille der anderen

Es ist natürlich sinnvoll, neben Ihrer Selbsteinschätzung auch den Blick anderer Menschen auf Sie zu berücksichtigen. Fragen Sie bitte fünf Menschen, was Sie in deren Augen besonders gut können. Wenn Sie mögen, fragen Sie dabei auch nach Ihren Schwächen. Suchen Sie auch hier wieder möglichst Menschen aus unterschiedlichen Lebensbereichen aus: alte und neue Freunde, Familie, Kollegen, entfernte Bekannte, Ausbilder und so weiter. Auf diese Weise bekommen Sie ein breites Bild. Bitten Sie auch Ihre »Zeugen«, in ihrem Feedback so präzise wie möglich zu sein.

Interessant ist es, wie nahe Selbst- und Fremdeinschätzung beieinander liegen. Sehen andere Menschen bei Ihnen Kompetenzen, die Sie sich nicht zugestehen? So geht es ziemlich vielen. Sehen andere in Ihnen ganz andere Seiten und Fähigkeiten als Sie selbst?

Übernehmen Sie bitte alle Punkte in Ihre Sammlung, die Sie auch nur ansatzweise zutreffend finden.

Achtung Stolperstein!

»Eigentlich kann ich ja nichts richtig gut ...«, »Ich kann doch nur, was ich in meinem Job tue« oder »Aber das kann ich doch nicht wirklich gut«: So denken und reden nicht wenige Menschen über sich – und empfinden es deshalb als eine Qual, sich mit den eigenen Fähigkeiten zu beschäftigen. Dabei ist es eine Binsenweisheit, dass jeder Mensch etwas gut kann. Und wir können meist mehr, als uns bewusst ist – auf jeden Fall können wir mehr als das, was unser aktuelles Jobprofil von uns verlangt.

So pauschale »Ich-kann-nicht-Aussagen« beruhen niemals auf echten Überzeugungen, sondern sind ganz sicher negative Glaubenssätze! Wenn es Ihnen sehr schwerfällt, an Ihrem Kompetenzprofil zu arbeiten, sollten Sie unbedingt das Kapitel über Glaubenssätze noch einmal lesen und dann die »Werkzeuge zur Blockadelösung« zu Rate ziehen.

Schärfen Sie Ihr Kompetenzprofil

Haben Sie den Eindruck, dass Ihre Sammlung Ihre Fähigkeiten gut abbildet? Finden Sie das Bild »rund«? Erkennen Sie sich darin wieder? Dann möchte ich Sie jetzt bitten, sich mit den folgenden Fragen zu beschäftigen:

- Welche Eindrücke entstehen bei Ihnen, wenn Sie Ihre Sammlung auf sich wirken lassen?

- Welche Schwerpunkte erkennen Sie? Was taucht besonders häufig auf?
- Was überrascht Sie? Was passt nicht unbedingt zu Ihrem bisherigen Selbstbild?
- Werden Kompetenzen deutlich, die Sie sich bisher nicht zugeschrieben haben?
- Passen Ihre Kompetenzen zu Ihrem aktuellen Jobprofil? Oder müsste ein Mensch damit eigentlich etwas ganz anderes tun?

Notieren Sie bitte, was Ihnen dazu in den Sinn kommt. Es kann übrigens sehr hilfreich sein, diese Fragen mit einem Freund, Ihrem Mentor oder Ihrem Coachingteam zu besprechen.

Okay, jetzt geht es darum, Ihre Kompetenzen nach zwei Kriterien zu unterscheiden:

- Welche Fähigkeiten sind bei Ihnen gut ausgeprägt?
  A-Kompetenzen
- Welche Fähigkeiten möchten Sie in Zukunft entwickeln und verstärkt anwenden?
  B-Kompetenzen

Nehmen Sie sich zwei Farbstifte, und markieren Sie dann die Fähigkeiten entsprechend ihrer Zugehörigkeit zu A- oder B-Kompetenzen. Gelten beide, bekommt die betreffende Fähigkeit natürlich zwei Markierungen. Gehen Sie bitte langsam und bedacht vor – erledigen Sie die Aufgabe nicht im Vorbeigehen! Selbstverständlich ist Ihre Auswahl absolut subjektiv und soll es auch sein. Vergeben Sie ungefähr fünf bis zehn Markierungen in jeder Farbe.

Übertragen Sie die markierten A- und B-Kompetenzen auf zwei neue Blätter. Ordnen Sie Ihre

- A-Kompetenzen danach, wie ausgeprägt Sie sie einschätzen, und die
- B-Kompetenzen danach, wie wichtig sie Ihnen sind.

Schließlich bilden Sie aus jedem Punkt einen Satz, der mit »Ich« beginnt und möglichst genau beschreibt, was Sie können. Das ist wichtig, denn: Ich-Aussagen haben auf unser Denken eine prägendere Wirkung als eine »Ich-lose« Beschreibung. Anstatt »Menschen von Produkten überzeugen« sollten wir lieber »Ich bin gut darin, Menschen von den Qualitäten eines Produkts zu überzeugen, von dem ich selbst überzeugt bin« formulieren.

Wenn Sie das geschafft haben, verfügen Sie sogar über zwei Kompetenzprofile: Die Liste Ihrer A-Kompetenzen ist das »klassische« Profil Ihrer aktuellen Fähigkeiten. Ihre B-Liste ist mindestens genauso wichtig, denn sie zeigt Ihnen, welche Fähigkeiten Ihre Jobprojekte möglichst von Ihnen verlangen sollten.

Hängen Sie doch beide Listen gut sichtbar an Ihrem Projektarbeitsplatz auf.

Achtung Stolperstein!
Ich habe es eben ja schon erwähnt: Wenn Menschen ihren derzeitigen Job so richtig satt haben, meinen sie manchmal, damit auch auf die bisher genutzten und trainierten Kompetenzen verzichten zu müssen. Dabei sehen sie aber oft nicht, dass sie in einem völlig anderen Umfeld diese Kompetenzen möglicherweise wieder sehr gern einsetzen würden. Wenn ein Lehrer seinen Job an einer Schule an den Nagel hängen will, kann er seine pädagogischen Fähigkeiten in der Erwachsenenbildung oder Gesundheitsförderung nutzen und damit sehr zufrieden sein. Also bitte nicht das Kind mit dem Bade ausschütten und leichtfertig wertvolle Kompetenzen aus Ihrem Katalog streichen!

Was Ihnen weniger liegt, sollte ebenfalls beachtet werden: Haben Sie auch Ihre Schwächen aufgeschrieben? Dann überlegen Sie bitte jetzt:

• Welche davon haben Ihnen schon berufliche Nachteile gebracht?

- Mit welchen haben Sie immer wieder zu kämpfen, um sie zu kompensieren oder zu überspielen?
- Welche bringt Sie manchmal in Verlegenheit?
- Welche hat schon dafür gesorgt, dass Sie eine Aufgabe nicht übernehmen wollten?
- Welche Schwächen könnten Ihnen möglicherweise in Zukunft in Ihrem neuen Job Nachteile bringen?

Meine A-Kompetenzen

1. Ich kann Menschen gut von der Qualität einer Sache überzeugen, von der ich selbst überzeugt bin.

2. Ich kann auch komplizierte Unternehmensstrukturen schnell erfassen und Probleme erkennen.

3. Ich kann Menschen für eine Aufgabe motivieren und zu einem erfolgreichen Team machen.

4. Ich kann ein Team auch in extrem stressigen Situationen anleiten und arbeitsfähig halten.

5. Ich kann komplexe Zusammenhänge leicht verständlich darstellen und in Worte fassen.

Meine B-Kompetenzen

1. Ich kann gut zuhören und Menschen helfen, über ein persönliches Problem zu reflektieren.

2. Ich bin gut darin, die Stärken eines Menschen oder eines Angebots zu erkennen und auf den Punkt zu bringen.

3. Ich habe grafische Fähigkeiten und kann sehr gut für ein Unternehmen oder einen Selbstständigen ein persönliches Design/Logo entwickeln.

4. Ich bin ein guter Portrait-Fotograf, ich kann wesentliche Seiten eines Menschen erfassen und festhalten.

5. Ich habe einen Sinn für die Benutzerführung von Software.

Wenn Sie diese Fragen beantwortet haben, überlegen Sie bitte: Was müssen Sie bei Ihrer Entscheidung unbedingt berücksichtigen?

Sammeln Sie bitte diese Punkte auf einer weiteren Liste – sie ist quasi der »geheime Anhang« zu Ihrem Kompetenzprofil. Sie werden sie bei Ihrer Entscheidung später zu Rate ziehen.

Kompetenz trifft auf Interessen

Obwohl ich zu Beginn des Kapitels angekündigt habe, dass wir hier nur noch »linkshirnig und analytisch« arbeiten werden, möchte ich hier ein bisschen wortbrüchig werden und Ihre Kreativität noch einmal ins Spiel bringen:

Im letzten Kapitel habe ich ja erklärt, wie wir mit der Bisoziation auf ganz neue Ideen kommen können. Wenn Sie mögen, können Sie dieses Werkzeug hier verwenden, um noch auf die eine oder andere gute Jobidee zu stoßen; die Kombination von Interessen und Fähigkeiten ist nämlich sehr gut dafür geeignet. Wenn Sie keine Lust dazu haben, noch einmal in die Ideensuche einzutauchen, können Sie diesen Punkt einfach auslassen.

Sind Sie dabei? Dann nehmen Sie sich eine Stunde ungestörter Zeit. Legen Sie bitte die beiden Landkarten Ihrer Interessen/Neigungen und Jobideen sowie Ihre beiden Kompetenzprofile (ohne die Schwächen!) vor sich auf den Tisch oder Fußboden. Machen Sie es sich davor gemütlich, trinken Sie gern dabei einen Tee. Nehmen Sie sich dann eine Ihrer Kompetenzen und notieren sie in die Mitte eines Blatt Papiers. Lassen Sie dann Ihren Blick entspannt über Ihre beiden Landkarten schweifen mit dieser Kompetenz im Kopf. Einige Begriffe werden Ihnen als sehr gut zu der Kompetenz passend erscheinen, andere gar nicht. Und einige Kombinationen erscheinen Ihnen vielleicht besonders »schräg« oder interessant. Entscheiden Sie sich für einige Begriffe und notieren sie auf dem Papier um die Kompetenz herum.

Nehmen wir uns als Beispiel die Kompetenz »Ich kann Menschen schwierige technische Zusammenhänge erklären und entspannt vermitteln«. Das Interesse »PC-Programme erstellen« scheint gut damit kombinierbar zu sein. »Bergsteigen« passt auf den ersten Blick eher weniger dazu. Aber genau das macht es ja so spannend, wenn es um das Bisoziieren geht! Wenn wir nämlich unser Hirn mit zwei Dingen konfrontieren, die anscheinend keine Schnittmenge haben, bringt es die erstaunlichsten Ideen hervor. »Matheunterricht beim Bergwandern« oder »Die Berge verkopften Zahlenmenschen nahe bringen«? Oder mir kommen auch Ideen, die scheinbar nichts mit den beiden Dingen zu tun haben.

Wenn auf Ihrem Blatt jetzt also eine Kompetenz und einige Interessen und/oder Jobideen stehen, lassen Sie Ihre grauen Zellen mal richtig schuften:

Notieren Sie alles, was Ihnen in den Sinn kommt – egal wie unpassend oder schräg es Ihnen erscheint! Wenn Ihnen dazu nichts mehr einfällt, nehmen Sie sich die nächste Kompetenz und suchen sich dazu wieder neue Begriffe. Und schon geht's in die nächste Runde. Sie können generell alles mit allem kombinieren.

Diese Aufgabe lebt davon, dass Sie sich trauen, mit Wörtern, Ideen und Bildern zu spielen. Variieren Sie meine Anleitungen auch gerne, wenn Sie mögen. Wichtig ist dabei nur, dass Kompetenzen und Interessen aufeinander treffen und miteinander Neues hervorbringen dürfen.

Wenn Sie alle Kompetenzen Ihrer beiden Profile bearbeitet haben – oder keine Lust mehr haben –, machen Sie bitte erst einmal eine Pause. Dann legen Sie alle Blätter, die Sie eben beschrieben haben, nebeneinander. Lassen Sie Ihren Blick entspannt wandern, und schauen Sie, ob Ihnen irgendwo neue Jobideen entgegenspringen. Notieren Sie alle, die Ihnen gefallen, in der Landkarte Ihrer Jobideen.

Kompetenz trifft auf Jobideen

Lassen Sie uns jetzt Ihre Jobideen durch die Brille Ihrer Kompetenzen betrachten. Dadurch wird deutlich werden, welche Ideen durch Ihre Fähigkeiten Rückenwind bekommen – und welche Sie eher auf dem falschen Fuß erwischen.

Punkteverteilung für Kompetenzen: Bitte nehmen Sie sich Ihre Landkarte der Jobideen vor und das Profil Ihrer A-Kompetenzen. Schauen Sie sich jede Jobidee an, und fragen Sie sich, ob sie von einer oder mehreren Ihrer aktuellen Fähigkeiten profitieren könnte. Markieren Sie jede Idee mit einem oder mehreren *blauen* Punkten – je nachdem, über wie viele passende Fähigkeiten Sie dafür verfügen. Je wichtiger eine Fähigkeit für eine Jobidee sein könnte, desto dicker können Sie den Punkt machen. Vergeben Sie im Zweifelsfall lieber einen ganz kleinen Punkt als gar keinen.

Ein Beispiel: Auf Ihrer Liste steht unter anderem: »Ich kann gut Arbeitsabläufe für Teams organisieren und vor allem bei hohem Stress dafür sorgen, dass jeder seinen Job gut macht.« Für die Jobidee »Teamleiter im Callcenter« gibt es dafür natürlich einen fetten Punkt – der »Selbstständige Grafiker« geht leer aus.

Dann nehmen Sie sich auch das Profil Ihrer B-Kompetenzen vor, die Sie in Zukunft entwickeln und verstärkt nutzen wollen. Gehen Sie Ihre Landkarte noch einmal durch und markieren jede Jobidee, die von einer Ihrer B-Kompetenzen profitieren könnte, mit *grünen* Punkten.

Punkteverteilung für Schwächen: Jetzt sollen auch noch Ihre Schwächen zu Wort kommen: Gehen Sie mit Ihren Negativpunkten wieder alle Jobideen durch, und überprüfen Sie jeweils, ob sich eine oder mehrere davon auf eine Idee auswirken könnte. Verteilen Sie hier kleine und große *rote* Punkte.

Nehmen wir an, auf Ihrer Negativliste steht: »Ich verliere schnell den Überblick (und ich hasse es), wenn ich – vor allem am PC – mit vielen Zahlen umgehen muss.« Für die Jobidee »Controller« müsste es wohl einen großen roten Punkt geben, für »Innendekorateur« keinen und für eine selbstständige Tätigkeit wie »Freier Texter« nur einen kleinen – schließlich könnte man den Zahlenkram delegieren.

Am Ende dieses zweiten Arbeitsschritts sieht Ihre Landkarte der Jobideen wahrscheinlich aus, als hätte sie die Masern erwischt – übersät mit kleinen und dicken blauen, grünen und roten Punkten. Einige Ideen sind vielleicht auch ganz von Punkten verschont geblieben. Damit können wir jetzt in die nächste Phase gehen.

Die Auswahl: Welche Jobideen wählen Sie ins Finale?

Unabhängig davon, ob auf Ihrer Landkarte einige wenige, zehn oder gar mehr als zwanzig Jobideen stehen, Sie sollten den jetzt folgenden Auswahlprozess sehr ernst nehmen. Denn hier stellt sich heraus, ob Sie das passende »Material« haben, um daraus Jobprojekte zu formulieren und schließlich eine Entscheidung zu treffen. Einige von Ihnen haben bestimmt schon eine gute Auswahl von Jobideen, mit denen sie leichtfüßig in die nächste Phase treten können. Sie sollten sich aber trotzdem mit jeder der folgenden Fragen beschäftigen.

Anderen wird es wahrscheinlich nicht ganz leicht fallen, sich jetzt von Optionen zu trennen. Es kann richtig wehtun, sich von einer schönen Idee zu verabschieden. Aber Sie werden nicht daran vorbeikommen, wenn sie viel mehr als zehn Ideen in Ihrer Landkarte haben. Denn es würde Sie im nächsten Arbeitsschritt bestimmt überfordern, zwanzig, dreißig oder mehr Jobprojekte bis ins Detail zu bearbeiten.

Können Sie sich vorstellen, diese Arbeit gemeinsam mit einem vertrauten Menschen zu machen? Der Vorteil ist, dass Sie sich zu zweit intensiv über das Potenzial jeder Jobidee auseinandersetzen können. Das kann natürlich niemand sein, der überkritisch mit Ihren Ideen umgeht – ein guter Begleiter wird immer wieder nachhaken und Sie fragen, ob es nicht doch Wege gibt, Ideen, die Ihnen besonders am Herzen liegen, zu realisieren. Natürlich sind Ihr Mentor oder Ihr Coachingteam hier die erste Adresse.

Egal, ob Sie diesen Schritt allein oder in Begleitung gehen: Es sollte entspannt und mit viel Zeit geschehen. Denn schließlich haben Sie eine Menge Arbeit und Herzblut in die Entwicklung Ihrer Jobideen investiert. Jetzt sollten Sie jede davon in Ruhe prüfen. Mein Vorschlag: Setzen Sie zumindest zwei Arbeitseinheiten für diesen Schritt an. Treffen Sie zuerst eine vorläufige Auswahl, schlafen Sie eine Nacht darüber, und entscheiden Sie erst dann endgültig.

Der Herz-und-Nieren-Check Ihrer Jobideen

Was jetzt kommt, ist auf den ersten Blick nicht ganz leicht zu verstehen, auch wenn die Schritte logisch aufgebaut sind. Deshalb schlage ich Ihnen vor, dass Sie den folgenden Abschnitt zuerst einmal in Ruhe durchlesen.

Bauchgefühl: Machen Sie es sich vor Ihrer Landkarte (mit den »Masern«) bequem. Wenn einige Zeit seit dem letzten Arbeitsschritt vergangen ist, lassen Sie Ihren Blick erst einmal in Ruhe eine Weile über das Papier wandern. Sehen Sie sich genau an, was dort alles steht. Beginnen Sie damit, Ihren Bauch zu fragen:

- Welche Jobideen – egal ob leicht oder fast unmöglich umzusetzen – liegen Ihnen am meisten am Herzen?
- Welche sind am aufregendsten?
- Welche könnten Ihr Leben viel besser machen?

Unterstreichen Sie diese Ideen mit einem Buntstift.

Punkteverteilung: Richten Sie Ihre Aufmerksamkeit dann auf alle Jobideen, die mindestens einen blauen, grünen oder roten Punkt von Ihnen bekommen haben:

- Eine Idee, für die Sie schon jetzt eine hohe Kompetenz (blauer Punkt) besitzen, sollten Sie sich genau anschauen. Wie attraktiv ist sie? Auch wenn Sie sie eben nicht als »Herzensprojekt« unterstrichen haben – könnte daraus ein Jobprojekt werden?
- Gibt es Ideen mit A-Kompetenzen, die Sie aber als eher unattraktiv empfinden? Wenn Sie glauben, dass daraus höchstwahrscheinlich kein Jobprojekt werden wird: Möglicherweise werden Sie sich dafür entscheiden, sich einen »Übergangsjob« zu suchen, falls Ihr Wunschprojekt in nächster Zeit nicht zu realisieren sein sollte. Könnte diese Jobidee für den Übergang geeignet sein? Machen Sie sich dann dazu bitte eine Notiz.
- Wie sieht es mit den Ideen aus, für die Sie B-Kompetenzen einsetzen können, die Ihnen also am Herzen liegen und die Sie zukünftig weiter entwickeln möchten: Gibt es hier viel zu lernen, bis Sie damit eines Tages Ihre Brötchen verdienen können? Oder haben Sie genug vorhandene Kompetenzen, um sie schon zeitnah zu verwirklichen?
- Schauen Sie sich jetzt an, welche Jobideen einen roten Punkt verpasst bekommen haben – vor allem, wenn es ein »dicker Punkt« ist: Was bedeutet dies für Ihre Idee? Können Sie diesen Schwachpunkt kompensieren? Oder ist er ein »Killerkriterium«?

Haben Sie den Eindruck, die vier Punkte ausreichend durchdacht zu haben? Dann treffen Sie jetzt bitte eine Entscheidung: Welche Ihrer Jobideen möchten Sie weiter verfolgen? Unterstreichen Sie diese.

Zeitaspekt: Jetzt geht es um die wichtige Frage, in welchem Zeitraum eine Jobidee vermutlich zu verwirklichen sein wird. Die meisten veränderungswilligen Menschen, die ich treffe, wollen ihren neuen Job möglichst bald antreten. Wenn die nötigen Voraussetzungen dafür schon vorhanden sind, ist dies meistens auch durchaus machbar. Je mehr aber vorher gelernt und vorbereitet werden muss, desto weiter verschiebt sich der Startpunkt in die Zukunft, logisch. Manchmal dauert es Jahre, bis der neue Job angetreten werden kann. Für Herzensprojekte finde ich dies vertretbar – für nur mittelmäßig interessante Ideen aber nicht.

Deshalb möchte ich Sie jetzt bitten, alle nicht unterstrichenen Jobideen, die in den nächsten zwölf Monaten definitiv *nicht* realisierbar sind, mit einem Bleistift durchzustreichen. Damit verzichten wir auf alle längerfristigen Ideen, die weder durch Kompetenzen noch durch Attraktivität für sich sprechen.

Wackelkandidaten: Gibt es Jobideen, die nicht unterstrichen aber auch noch nicht durchgestrichen sind? Erscheinen sie Ihnen in einem Jahr erreichbar, aber ohne dass Ihr Herz besonders für sie schlägt und Sie Ihre Kompetenzen dafür einsetzen können? Schauen Sie sich diese Kandidaten bitte genauer an und fragen Sie sich, was für oder gegen sie sprechen könnte:

- Sind sie zwar keine Überflieger, aber durchaus gute Optionen?
- Sind es eher langweilige »Brot-und-Butter-Jobs«?
- Könnten sie möglicherweise für eine Übergangszeit in Frage kommen (siehe oben)?

Streichen Sie sie dann entweder durch, oder notieren Sie, wofür diese Jobideen gut sein könnten.

Übertragen Sie jetzt alle Jobideen, die noch im Spiel sind, auf ein neues Blatt Papier. Ordnen Sie sie nach drei Kategorien:

- umsetzbar oder erreichbar in den nächsten zwölf Monaten
- umsetzbar oder erreichbar in zwei bis drei Jahren
- langfristig umsetzbar oder erreichbar

Achtung Stolperstein!

Gibt es Jobideen, die Sie gar nicht für erreichbar halten? Vor allem, wenn dies Herzensprojekte sind, sollten Sie sich jetzt sehr genau überlegen, was der Umsetzung im Wege steht. Schreiben Sie Ihre Argumente auf. Hier ist es besonders wichtig, dass nicht negative Glaubenssätze das Steuer in der Hand haben. Denn kalte Füße sind absolut kein Argument gegen ein Projekt!

Wenn Sie aber aufrichtig überzeugt davon sind, dass eine Idee nicht zu verwirklichen ist, streichen Sie sie jetzt durch.

Checkpoint

☐ *Stehen auf Ihrer Liste nicht mehr als zehn Jobideen, und ist mindestens eine davon höchstwahrscheinlich innerhalb von einem Jahr umsetzbar? Dann ist Ihr Auswahlprozess hier abgeschlossen, und es kann weiter gehen mit der dritten Phase: der Projektentwicklung.*

☐ *Stehen auf Ihrer Liste keine Jobideen, die innerhalb eines Jahres umsetzbar sind? Dann sollten Sie sich jetzt, bevor Sie Ihre Projekte konkretisieren, überlegen, was das für Sie bedeutet.*

☐ *Können Sie sich vorstellen, Ihren derzeitigen Job noch so lange zu machen, bis Sie Ihr neues Jobprojekt starten können?*

☐ *Oder brauchen Sie zunächst einen Übergangsjob, der Sie so lange ernährt, bis Ihr neues Projekt umsetzbar ist?*

□ *Sind Sie bisher davon ausgegangen, dass der neue Job schon in den nächsten Monaten starten würde – vielleicht weil die Ist-Situation nicht mehr zu ertragen ist? Und haben Sie aber nur länger- oder langfristige Jobideen auf Ihrer Liste? Dann gibt es hier ein Problem. Bitte machen Sie dann nicht »trotzdem einfach weiter«!*

□ *Wenn Sie jetzt schon wissen, dass ein Übergangsjob für Sie nicht in Frage kommt und Sie trotzdem möglichst zeitnah wechseln möchten, gibt es nur eine Lösung: Gehen Sie jetzt noch einmal zurück zum Anfang dieses Auswahlkapitels und suchen nach weiteren Jobideen, die attraktiv genug sind und gleichzeitig kurzfristig erreichbar. Erst wenn Sie fündig geworden sind, sollten Sie in das nächste Kapitel gehen.*

Ich treffe immer wieder Menschen, denen zwar bewusst ist, dass jede gute Jobalternative einige Jahre der Vorbereitung brauchen wird. Aber ihr Wunsch nach Veränderung ist so groß, dass sie von jetzt auf gleich in Aktionismus ausbrechen. Der neue Job soll gefälligst schon heute vor der Tür stehen! Doch anstatt einen Übergangsjob zu suchen oder über einen Kompromiss nachzudenken, werden hektisch Bewerbungen verschickt. Und so geht's ganz schnell vom Regen in die Traufe. So mancher stellt dann Jahre später fest, dass er schon am Ziel sein könnte, hätte er sich vor einigen Jahren etwas klüger und vorausschauender verhalten.

Die Konkretisierung: Sie bringen Ihre Jobprojekte auf den Punkt

Wenn Sie im letzten Abschnitt sorgsam vorgegangen sind, liegt vor Ihnen eine Auswahl von Jobideen, die das Potenzial haben, Ihr »Job der Zukunft« zu werden. Jetzt geht es darum, jede skizzierte Idee in allen Aspekten bis zu ihrer möglichen Umsetzung zu durchdenken und dabei auch die Risiken und Nebenwirkungen nicht zu übersehen. Wie anfangs gesagt: Hier entstehen die Prototypen Ihres neuen Jobs. Jeder davon muss ein fahrtüchtiges und zu Ende gedachtes Produkt sein, bevor Sie sich für eines davon entscheiden werden. Ein »Ich könnte ja vielleicht auch …« reicht hier nicht mehr aus.

Würden wir an dieser Stelle vermeiden, unsere Jobprojekte so gut wie möglich auf den Punkt zu bringen, machten wir uns die Entscheidung unnötig schwer – weil wir dann das ungute Gefühl hätten, die Sache nicht ausreichend bedacht zu haben. Und wir haben nun mal die Tendenz, uns im Zweifelsfalle lieber gegen so eine Option zu entscheiden.

Und *nach* Ihrer Entscheidung müssen Sie ohnehin wissen, was Sie wie und wann für Ihr Wunschprojekt tun, um es umzusetzen. Es wäre doch sehr ärgerlich, erst dann zu merken, dass Sie wichtige Aspekte übersehen haben! Dann hätten Sie sich für einen Prototyp entschieden, der leider überhaupt nicht fahrtüchtig ist und niemals eine Zulassung bekommen würde.

Also besser gleich: Butter bei die Fische! Auch wenn dieser Schritt Zeit und Energie von Ihnen verlangt – dies ist bestimmt eine sehr gute Investition.

Ich habe Ihnen zwei Fragenkataloge zusammengestellt – einen für angestellte Tätigkeiten und einen für selbstständige Projekte. Sie werden feststellen, dass einige Fragen mehr und andere weniger zu einem Jobprojekt passen. Einige Fragen werden sich überschneiden, und bestimmt werden Ihnen Fragen in den Sinn kommen, die hier nicht stehen – die sollten Sie unbedingt in Ihren Katalog aufnehmen. Wenn ein Jobprojekt sowohl Anstellung als auch Selbstständigkeit bedeuten könnte und beides interessante Optionen sind, können Sie ihn unter beiden Aspekten parallel bearbeiten.

Ganz wichtig: Sie werden bestimmt auf viele Fragen erst einmal keine Antwort parat haben. Oder es könnte ganz verschiedene Antworten geben. Bitte gehen Sie nicht den leichten Weg und übergehen solche Punkte! Ein Jobprojekt, das aus zu vielen Fragezeichen und Leerzeilen besteht, können Sie kaum einschätzen. Nehmen Sie sich unbedingt alle Zeit, die es braucht, und nutzen Sie alle Quellen, um möglichst viele Antworten zu finden. Es bleiben auch dann bestimmt noch genug Aspekte ungeklärt.

Bitte beschäftigen Sie sich so lange mit einem Jobprojekt, bis Sie ein rundes Bild davon haben und alles Mögliche versucht haben, es auf den Punkt zu bringen. Behandeln Sie immer nur ein Projekt zur gleichen Zeit.

Richten Sie sich zuerst für jedes Projekt ein Blatt für Bedenken, Fragen und Unklarheiten ein. Bestimmt kommen Ihnen während der Arbeit einige

Die Projektentwicklung für Jobs mit Arbeitsvertrag

Was wollen Sie tun?
- Wie soll Ihre Tätigkeit genau aussehen?
- Was soll Ihr Aufgabengebiet sein?
- Wofür wollen Sie Spezialist sein?
- Was soll möglichst *nicht* Ihre Aufgabe sein?

Wo wollen Sie arbeiten?
- In welchen Branchen möchten Sie am liebsten arbeiten? (Erstellen Sie dafür eine Rangfolge von »optimal« bis »gerade noch okay«)
- In kleinen, mittleren oder großen Unternehmen?
- In welchen Unternehmen möchten Sie am liebsten arbeiten? (Machen Sie eine Liste, und bewerten Sie dann von + bis +++.)
- An welcher Stelle, in welcher Abteilung und in welchen Projekten wollen Sie arbeiten?

Welche Bedingungen sind Ihnen dabei wichtig?
- Was wollen Sie (mindestens) verdienen?
- Wie soll Ihre Arbeitszeit aussehen?
- An welchen Orten können Sie sich vorstellen zu arbeiten?
- Welche Rahmenbedingungen sind Ihnen wichtig?

Wie kommen Sie an Ihren Job?
- Welche Bewerbungsstrategie könnte für welches Unternehmen optimal sein?
- Über welche Kontakte verfügen Sie schon?
- Welche Kontakte könnten Sie sich erschließen?
- Welche Netzwerke haben Sie? Welche werden Sie brauchen?
- Wer kann Sie unterstützen?
- Welche Informationsquellen haben und brauchen Sie?
- Welche Institutionen können Ihnen helfen?

Wie be-werben Sie sich?
- Wie argumentieren Sie für sich und Ihre Kompetenzen?
- Warum sollte man Sie einladen und einstellen?
- Was ist das Besondere an Ihnen und Ihrem Angebot?

Welche Risiken und Nebenwirkungen gibt es?
- Was spricht gegen dieses Jobprojekt?
- Was fehlt Ihnen – aus jetziger Sicht – für diesen Job?
- Was befürchten Sie? Was könnte passieren?
- Was wäre der Worst Case?
- Was könnte Ihnen schwerfallen?

- Über welche Schatten müssten Sie springen?
- Wichtig: Wie könnten Sie mit den Negativpunkten konstruktiv umgehen?

Ihr Umsetzungsplan

- Wie werden Sie genau vorgehen, wenn Sie sich am Ende für dieses Jobprojekt entscheiden?
- Wie lange werden Sie brauchen bis zur Kontaktaufnahme/Bewerbung?
- Wann wollen Sie spätestens anfangen zu arbeiten?
- Wichtig: Erstellen Sie einen Umsetzungsplan.

Welche Varianten gibt es für dieses Projekt?

- Auch wenn Ihnen ganz klar ist, was Sie für welches Unternehmen machen möchten:
  - Haben Sie einen Plan B?
  - Ein anderes, kleineres, größeres Unternehmen an einem anderen Ort?
  - Eine andere Branche?
  - Eine andere Position im Unternehmen Ihrer Wahl?
  - Gibt es eine selbstständige Alternative?

Und schließlich:

- Was müssen Sie noch klären, damit Sie sich für oder gegen dieses Projekt entscheiden können?
- Was ist noch zu tun?
- Mit wem möchten Sie noch sprechen?
- Auf welche Fragen werden Sie wohl keine Antworten finden?
- Was ist aus Ihrer jetzigen Sicht noch wichtig für dieses Jobprojekt?

Die Entwicklung von selbstständigen Jobprojekten

Was ist Ihr Angebot?
- Welches Produkt oder welche Leistung wollen Sie anbieten?
- Was sind die besonderen Merkmale?
- Warum sollte jemand Sie beauftragen oder zu Ihnen kommen?
- Was haben Sie den Mitbewerbern voraus?

Wer sind Ihre Kunden?
- Wer soll Ihr Produkt oder Ihre Leistung nutzen?
- Was wissen Sie über Ihre Kunden?
- Was müssen Sie noch herausbekommen?
- Was haben Ihre Kunden bisher ohne Sie gemacht?
- Wer kommt als Kunde wahrscheinlich nicht in Frage?
- Wie soll sich die Zahl Ihrer Kunden entwickeln?

Wer sind die Mitbewerber?
- Gibt es Ihre Leistung oder Ihr Produkt schon oder eine ähnliche Variante?
- Wer sind die Mitbewerber?
- Wer ist mit einem ähnlichen Konzept schon erfolgreich am Markt?
- Was können Sie übernehmen?
- Was wollen Sie anders machen?
- Was haben Sie Mitbewerbern voraus?

Wie werden Sie Ihre Kunden akquirieren?
- Wie werden Menschen von Ihrem Angebot erfahren?
- Wie werden Sie für sich werben?
- Was werden Sie tun, um Aufmerksamkeit zu bekommen?
- Haben Sie jetzt schon potenzielle Kunden?

Welche Mittel und Ressourcen benötigen Sie zu Beginn?
- Wie soll Ihre Werbung aussehen?
- Welche grafischen Leistungen brauchen Sie?
- Welche Unterlagen brauchen Sie?
- Wie soll Ihre Website aussehen?
- Wo werden Sie arbeiten?
- Welche Räume benötigen Sie?
- Was benötigen Sie noch?

Wie sieht Ihre Finanzplanung aus?
- Wie viel Startkapital brauchen Sie?
- Woher wird das Geld kommen?
- Bekommen Sie Gründungszuschüsse (zum Beispiel von der Agentur für Arbeit)?
- Wie planen Sie Ihren Lebensunterhalt im ersten Jahr?

- Auf welche Ersparnisse oder andere Reserven könnten Sie zugreifen?
- Welche Versicherungen brauchen Sie?
- Mit welchen Einnahmen rechnen Sie (mindestens) im ersten Jahr?
- Wie wollen Sie Ihre Preise gestalten?

Wo und von wem könnten Sie Unterstützung bekommen?
- Wer könnte Ihnen finanziell zur Seite stehen?
- Welche Geldquellen könnten Sie anzapfen?
- Welche Institutionen könnten Ihnen helfen – auch durch Beratung und Fortbildungen?
- Wer könnte Sie bei Werbung, Website und Grafik unterstützen?
- Welche Hilfe könnten Sie bei der Akquise bekommen?
- Welche Menschen würden Sie mental unterstützen?
- Welche Netzwerke könnten Sie nutzen?
- Können Sie sich vorstellen, mit einem Coachingteam zu arbeiten?
- Für welche Probleme und Themen wünschen Sie sich Unterstützung?

Welche möglichen Risiken und Probleme sehen Sie heute?
- Was spricht generell gegen die Umsetzung des Projekts?
- Was ist an Ihrem Angebot nicht optimal?
- Was fehlt Ihnen noch?
- In welchen Punkten könnten Ihnen Ihre Mitbewerber voraus sein?
- Welche Lebensbereiche würden beeinträchtigt durch Ihr Projekt?
- Was sehen andere Menschen kritisch?
- Was könnte alles schiefgehen?
- Was wäre der Worst Case?
- Wie sieht Ihr Plan (genau!) aus für den Fall, dass das Projekt nicht gut läuft oder scheitert?

Der Entwicklungsplan für Ihr Projekt
- Erstellen Sie einen Umsetzungsplan für Ihr Projekt mit allen Details, die Sie kennen
- bis zum Projektstart und
- für das erste Jahr.
- Wie viel Zeit braucht Ihr Projekt, bis Sie entscheiden können, ob es erfolgreich ist?
- Wo wollen Sie mit diesem Projekt in fünf, wo in zehn Jahren sein?

Und schließlich:
- Was müssen Sie noch klären, damit Sie sich für oder gegen dieses Projekt entscheiden können?
- Was ist noch zu tun?
- Mit wem möchten Sie noch sprechen?
- Auf welche Fragen werden Sie wohl keine Antworten finden?
- Was ist aus Ihrer jetzigen Sicht noch wichtig für dieses Jobprojekt?

davon in den Sinn – und sie sollten auf keinen Fall nur in Ihrem Kopf herumspuken. Notieren Sie unbedingt alles, das Ihr Projekt betreffen könnte und noch vor der Entscheidung geklärt werden sollte.

Achtung Stolperstein!

Nicht selten höre ich von Klienten, die unmittelbar vor ihrer Entscheidung stehen, ein »Das weiß ich nicht«, wenn ich sie zu ihrem Jobprojekt befrage. Warum wissen sie es nicht? Haben sie wirklich alles probiert, um es heraus zu bekommen? »Ich habe es gegoogelt und nichts gefunden«, ist eine beliebte Antwort. Manchmal fällt es mir dann schwer, meine Fassung zu bewahren. Denn was wir so im Internet finden, ist selten alles, was es an Informationen gibt! Ein flotter Blick auf eine Website ist ganz bestimmt nicht der Weisheit letzter Schluss! Und es ist selten ein Ersatz dafür, zum Telefonhörer zu greifen oder an eine Tür zu klopfen und mit Menschen zu sprechen.

Checkpoint

☐ *Haben Sie die Aufgabe bewältigt?*
Möglicherweise haben Sie mehr Zeit in die Jobprojekte investiert, von denen Sie schon wissen, dass sie in die engere Auswahl kommen werden. Das ist völlig okay. Haben Sie denn alles getan, um die wichtigsten Projekte so genau wie möglich zu definieren? Und auch wenn einige Punkte noch unklar sind: Haben Sie den Eindruck, sie im Grunde erfasst und durchdrungen zu haben? Prima! Denken Sie, dass Sie jetzt eine gute Grundlage für Ihre Entscheidung haben?
Dann haben Sie hiermit die Eintrittskarte für das nächste Kapitel.

Oder sind Sie sich nicht so sicher? Bestehen Ihre Jobprojekte hauptsächlich aus Fragezeichen? Können Sie noch nicht sagen, worum es bei Ihren wichtigsten Projekten genau geht? Hand aufs Herz: Haben Sie wirklich alles versucht, um Antworten zu finden? Haben Sie alle möglichen Quellen und Kontakte genutzt? Oder sind Sie unterwegs ausgestiegen? Lag es vielleicht einfach daran, dass Sie nicht genug Zeit und Energie zur Verfügung hatten?

Auf jeden Fall sollten Sie sich dann noch so lange mit Ihrer Projektentwicklung beschäftigen, bis Antworten die meisten Fragezeichen ersetzt haben.

☐ *Was sagt Ihr Projektbarometer?*

Dieser vierte Schritt war eine echte Herausforderung. Nur wenigen dürfte es gelungen sein, die Aufgaben ohne emotionale Ausschläge zu erledigen. Aber das ist ganz normal. Die Hauptsache ist, dass Ihr Barometer jetzt nicht auf Schlechtwetter gefallen ist!

Oder haben Sie möglicherweise das Interesse oder Ihren Optimismus verloren? Sank Ihnen der Mut bei der Arbeit? Es geschieht nicht selten, dass Menschen so kurz vor einer wichtigen Entscheidung nicht nur kalte Füße kriegen, sondern sich plötzlich völlig desinteressiert und energielos fühlen. Ich habe Ihnen ja schon früher gesagt, dass dies typische Symptome einer mentalen Blockade sind. Wichtig ist, dass Sie jetzt nicht das Steuer aus der Hand geben und Ihr Selbstmanagement vernachlässigen!

Bevor Sie das Buch und Ihre Unterlagen zur Seite legen und Ihr Projekt möglicherweise bis zum Sanktnimmerleinstag verschieben, nutzen Sie bitte jetzt gleich die Werkzeuge zur Blockadelösung.

☐ *Fühlen Sie sich momentan noch ziemlich verloren?*

Sollten Sie sich noch sehr unsicher sein, wo Sie gerade stehen, hilft Ihnen vielleicht dies:

Nehmen Sie sich Ihre Jobprojekte nacheinander vor, und notieren Sie jeweils alle offenen Fragen und was Ihnen noch fehlt auf einem neuen Blatt. Im zweiten Schritt streichen Sie alles davon durch, was nicht unbedingt wichtig ist für Ihre Entscheidung. Für die übrigen Punkte überlegen Sie dann bitte, wo, wie und von wem Sie die richtigen Antworten bekommen können. Hilfreich ist es ganz bestimmt, dies gemeinsam mit einem Helfer, Ihrem Mentor oder dem Coachingteam zu überlegen.

☐ *Haben Sie noch kalte Füße?*

Gelingt es Ihnen noch nicht so recht, sich innerlich frei zu schwimmen? So kurz vor der Entscheidung ist es nicht leicht, Blockaden vom Lampenfieber zu unterscheiden.

Ich empfehle Ihnen, jetzt trotzdem mit dem nächsten Kapitel zu beginnen – sehr langsam und sorgsam. Besser, Sie kommen beim nächsten Schritt nur stolpernd voran, als dass Sie hier hängenbleiben. Achten Sie auf Ihre Stimmungen und Ihre mentale Verfassung. Seien Sie sich ein guter Coach – und wenn Sie Blockadesymptome erkennen, drücken Sie erst einmal die Stopp-Taste und versuchen dann sofort, sie zu klären.

Schritt 5: Der Weg zur Entscheidung

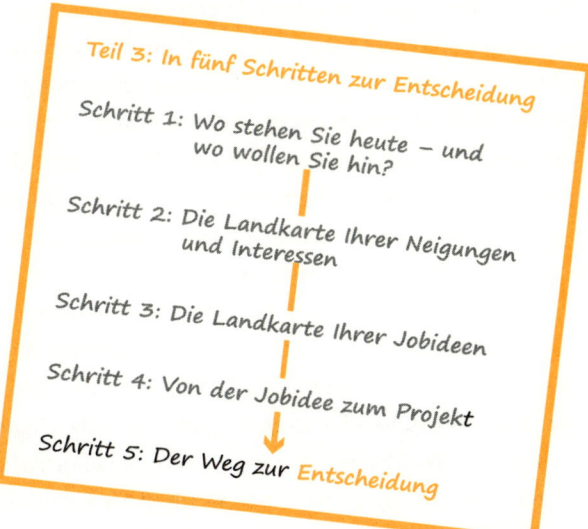

Teil 3: In fünf Schritten zur Entscheidung

Schritt 1: Wo stehen Sie heute – und wo wollen Sie hin?

Schritt 2: Die Landkarte Ihrer Neigungen und Interessen

Schritt 3: Die Landkarte Ihrer Jobideen

Schritt 4: Von der Jobidee zum Projekt

Schritt 5: Der Weg zur Entscheidung

Okay, jetzt ist es bald soweit: Sie kommen dem Tag der Entscheidung mit großen Schritten näher. Einige von Ihnen ahnen sicherlich schon, auf welchen Job es für Sie hinausläuft. Ihnen möchte ich empfehlen, trotzdem die folgenden Schritte mit mir zu gehen. Vielleicht sind Sie sich aber auch noch alles andere als sicher? Oder denken Sie gar, dass Sie unmöglich schon bald eine Entscheidung treffen können?

Wie sagte Kaiser Beckenbauer einst (in der hochdeutschen Übersetzung): Schauen wir mal.

Step by Step zum Ziel

Ich werde Sie auch hier wieder schrittweise durch den Arbeitsprozess führen – bis zum Tag Ihrer Entscheidung. Am besten, Sie lesen wieder das ganze Kapitel zuerst einmal durch.

Wann soll der Tag X sein?

Sie haben von mir oft den Satz gelesen »Nehmen Sie sich so viel Zeit, wie Sie brauchen«. Das möchte ich Ihnen hier *nicht* empfehlen! In jedem Entscheidungsprozess kommt der Punkt, an dem uns Denken, Recherchieren und Abwägen nicht mehr weiterbringen. Durch mehr Zeit gewinnen wir dann kaum noch etwas. Was wir bisher nicht klären konnten, werden wir dann auch nicht mehr klären. Im Gegenteil: Je mehr Zeit vergeht, desto stärker wird nur die Tendenz des Aufschiebens und Vermeidens – wir unterstützen dann eher unsere inneren Widerstände, als dass wir innerlich klarer werden.

Jedes Projekt braucht nun einmal einen Endpunkt. Stellen Sie sich vor, wir hätten für Prüfungen, Diplomarbeiten, Hausaufgaben oder unsere Steuererklärung keine festen Termine – wir kämen doch nie zu Potte! Deshalb möchte ich Sie an dieser Stelle bitten, einen Blick auf Ihren Projektplan zu werfen: Für welchen Tag haben Sie dort die Entscheidung eingetragen? Ist der Termin realistisch? Am besten, Sie lesen die folgenden Arbeitsschritte erst einmal durch und überlegen dann, wie viel Zeit Sie sich dafür nehmen möchten. Das ist natürlich abhängig davon, wie viel Zeit Ihr Alltag Ihnen lässt. Und das bedeutet nicht, dass Sie jetzt in Hektik verfallen sollen.

Dann legen Sie den Tag fest, an dem Sie Ihre Entscheidung fällen werden. Vielleicht nehmen Sie sich dafür einen arbeitsfreien Tag, an dem keine anderen wichtigen Termine anstehen? Sie sollten dann einige Stunden zur Verfügung haben. Vielleicht möchten Sie dafür einen Spaziergang machen, an einem besonderen Ort sein oder Gesellschaft haben? Machen Sie sich bitte jetzt schon Gedanken, wie Sie diesen Tag verbringen wollen. Tragen Sie den Termin fett in Ihrem Kalender ein – schließlich ist er ein ganz besonderer Tag! Und auch wenn Sie sich schon ziemlich sicher sind, auf welche Option Ihre Entscheidung hinauslaufen wird: Gönnen Sie sich trotzdem dieses Ritual.

Fühlen Sie sich jetzt innerlich unter Druck? Kreischt eine Stimme in Ihnen so etwas wie: »Das kannst Du unmöglich tun! Du kannst Dich jetzt nicht festlegen!« Doch, das können Sie. Atmen Sie tief durch, und entscheiden Sie, dass Sie sich entscheiden werden. Sollte es Ihnen dann am Tag X absolut nicht möglich sein, sich für ein Jobprojekt zu entscheiden, können Sie immer noch beschließen, Ihre Entscheidung zu vertagen.

Wenn es Ihnen gelungen ist, dieses Buch bis zu dieser Stelle durchzuarbeiten, können Sie ganz sicher auch den letzten Schritt tun. Ohne Druck und etwas Disziplin geht es leider nicht. So wichtige Entscheidungen fühlen sich eben selten so sanft und weich an wie Zuckerwatte. Das ist nun einmal so. Die Frage ist nur: Können Sie den Druck aushalten?

Sollte Ihnen dies im Moment völlig unmöglich erscheinen, nehmen Sie sich bitte ein Blatt Papier und sammeln dann alles, was Ihnen gerade in den Sinn kommt. Versuchen Sie herauszubekommen, was Ihnen die Entscheidung so schwer macht: Sind es wirklich Sachargumente oder eher Ängste und innere Widerstände?

Möchten Sie sich Unterstützung holen?

Dies ist natürlich nicht jedermanns Sache. Aber auch wenn Sie Ihren Neuorientierungsprozess bisher allein geschafft haben, sollten Sie an diesem Punkt darüber nachdenken, ob Ihnen Unterstützung jetzt nicht doch helfen könnte. Es bedarf ja keiner Fachleute dafür. Es ist schon hilfreich, jemandem Ihre Jobprojekte und Erwägungen vorzustellen und darauf zu achten, wie Sie sich damit fühlen – und dann ein Feedback zu bekommen, bei welchem Projekt Ihr Gegenüber Sie besonders überzeugend und energievoll erlebt hat. Natürlich brauchen Sie keine Ratschläge, die Sie auf der Zielgeraden noch verunsichern! Sagen Sie Ihrem Begleiter ganz genau, auf welche Fragen Sie sich Antworten wünschen.

Achtung Stolperstein!
Ganz bestimmt werden einige Anteile auf Ihrer Ich-Bühne jetzt nicht gerade in Partystimmung sein, sondern jede Gelegenheit nutzen, um auf die Bremse zu treten. Dazu kommen wir gleich noch. An dieser Stelle ist es wichtig, dass Sie sich solche Menschen als Unterstützer ins Boot holen, die nicht Ihre Widerstände und Ängste unterstützen, sondern Ihr Veränderungsprojekt! Wenn Sie gerade jene Leute fragen, die selbst schon viel zu lange ein totes Job-Pferd reiten und jedes Risiko scheuen wie der Teufel das Weihwasser, werden Sie wahrscheinlich nicht unbedingt Ermutigung erfahren!

Jobprojekt	Kriterium 1:	Kriterium 2:
1	++ + 0 – – –	++ + 0 – – –
2	++ + 0 – – –	++ + 0 – – –
3	++ + 0 – – –	++ + 0 – – –
4	++ + 0 – – –	++ + 0 – – –
5	++ + 0 – – –	++ + 0 – – –
6	++ + 0 – – –	++ + 0 – – –
7	++ + 0 – – –	++ + 0 – – –
8	++ + 0 – – –	++ + 0 – – –

Wenn Sie sich bisher von einem Mentor oder Ihrem Coachingteam haben begleiten lassen, liegt es natürlich auf der Hand, sie hier auch einzubinden. Vielleicht laden Sie Ihre Begleiter heute schon zum Tag X ein?

Die Projektausstellung

Wenn Sie in Ihrer Wohnung genug Platz haben, möchte ich Sie bitten, alle Aufzeichnungen zu Ihren Jobprojekten aufzuhängen – als »Ausstellung« bis zum Tag Ihrer Entscheidung. Darüber hinaus nehmen Sie sich jetzt bitte für jedes Jobprojekt ein Din-A4-Blatt und schreiben darauf den Namen des Projekts. Diese Blätter sollten Sie auf jeden Fall irgendwo gut sichtbar nebeneinander aufhängen. Hier werden Sie alle Argumente für und gegen jedes Projekt und alles, was Ihnen dazu einfällt, sammeln. So haben Sie Ihre Optionen immer im Blick und in Ihren Gedanken.

Kriterium 3:	Kriterium 4:	Kriterium 5:	Kriterium 6:	Kriterium 7:	Kriterium 8:
++ + 0 – ––	++ + 0 – ––	++ + 0 – ––	++ + 0 – ––	++ + 0 – ––	++ + 0 – ––
++ + 0 – ––	++ + 0 – ––	++ + 0 – ––	++ + 0 – ––	++ + 0 – ––	++ + 0 – ––
++ + 0 – ––	++ + 0 – ––	++ + 0 – ––	++ + 0 – ––	++ + 0 – ––	++ + 0 – ––
++ + 0 – ––	++ + 0 – ––	++ + 0 – ––	++ + 0 – ––	++ + 0 – ––	++ + 0 – ––
++ + 0 – ––	++ + 0 – ––	++ + 0 – ––	++ + 0 – ––	++ + 0 – ––	++ + 0 – ––
++ + 0 – ––	++ + 0 – ––	++ + 0 – ––	++ + 0 – ––	++ + 0 – ––	++ + 0 – ––
++ + 0 – ––	++ + 0 – ––	++ + 0 – ––	++ + 0 – ––	++ + 0 – ––	++ + 0 – ––
++ + 0 – ––	++ + 0 – ––	++ + 0 – ––	++ + 0 – ––	++ + 0 – ––	++ + 0 – ––

Jobprojekte und Ihre Zufriedenheitskriterien

Im ersten Schritt dieses Kapitels haben Sie eine Kriterienliste für Ihre berufliche Zufriedenheit erarbeitet. Die wollen wir jetzt auf Ihre Jobprojekte anwenden. Bitte kopieren Sie sich dafür diese Tabelle auf ein Blatt Papier. Tragen Sie in die linke Spalte Ihre Projekte und in die obere Ihre Kriterien jeweils mit einem Stichwort ein:

Überprüfen Sie dann jedes Jobprojekt darauf, welchen Kriterien es wie stark entspricht. Die folgenden Zeichen helfen Ihnen, Ihre Prioritäten kenntlich zu machen.

++	eindeutig
+	wahrscheinlich,
0	unklar,

–   unwahrscheinlich oder

– –   ausgeschlossen,

dass dieses Kriterium bei diesem Projekt zu verwirklichen ist.

Beispielsweise ist ein »harmonisches Miteinander« wohl überall zu finden, wo ich nicht auf mich allein gestellt bin. Eine »informelle Kultur« gibt es eher in kleinen Betrieben. »Viel Gestaltungsfreiheit« bringt mir am ehesten eine selbstständige Tätigkeit.

Bitte untersuchen Sie anschließend:

- In Ihre Liste haben Sie ja nur solche Kriterien aufgenommen, die Ihnen besonders wichtig sind für Ihre zukünftige Arbeit. Welche Projekte entsprechen dem besonders gut? Bitte markieren Sie solche Projekte.
- Was heißt es andererseits für ein Projekt, wenn es von Ihnen für ein oder sogar für mehrere Kriterien eine negative Bewertung bekommen hat? Kommt es dann trotzdem für Sie in Frage? Wenn ja, unter welchen Bedingungen? Und wenn nicht – muss dies das Aus für dieses Projekt bedeuten?

Notieren Sie sich Ihre Gedanken dazu auf den einzelnen Blättern zu Ihren Jobprojekten. Möglicherweise haben Sie dann schwarz auf weiß, dass ein Job, den Sie sehr attraktiv finden, leider mit wichtigen Bedürfnissen kollidiert.

Ich hatte Ihnen ja schon an anderer Stelle von Menschen erzählt, die sich immer für die falschen Jobs entscheiden, weil sie nur auf bestimmte Faktoren wie das Gehalt oder die vermeintliche Sicherheit schauen – und darüber Schattenseiten übersehen, die für ihre Arbeitszufriedenheit sehr wichtig sind.

In diese Falle sollten Sie auf keinen Fall tappen! Es mag meistens Wege geben, negative Faktoren zu kompensieren. Nur ist es manchmal schwer zu entscheiden, wo ein guter Kompromiss aufhört und wir anfangen, uns zu verbiegen.

Risiken und Nebenwirkungen

Schauen Sie sich jetzt bitte nacheinander an, was Sie für jedes Projekt beim letzten Arbeitsschritt über seine problematischen Aspekte aufgeschrieben haben. Es soll hier nicht um negative Gefühle gehen, also welche Risiken Ihnen Angst machen oder Sie pessimistisch stimmen, sondern darum, wie Sie ein Projekt beurteilen, wenn Sie einen kühlen Kopf bewahren und versuchen, so rational wie möglich zu sein. Bewerten Sie bitte erst einmal, für wie schwerwiegend Sie jeden Negativpunkt halten. Markieren Sie solche, die Sie davon abbringen könnten, sich für dieses Projekt zu entscheiden.

Fragen Sie sich dann in einer zweiten Runde, welche Möglichkeiten Sie sehen, mit den problematischen Aspekten umzugehen. Das könnten eine veränderte Einstellung sein, weitere Recherchen oder die Hilfe anderer Menschen. Versuchen Sie unbedingt, für jedes Problem mindestens eine Lösung zu finden.

Notieren Sie die wichtigsten Erkenntnisse dieses Arbeitsschritts auf Ihren Projektblättern.

Chancen und Möglichkeiten

Sehen Sie sich jetzt jedes Ihrer Jobprojekte durch die positive Brille an. Wenn es Ihnen gelingt, dieses Projekt zu verwirklichen und genau diesen Job in Ihrem Wunschunternehmen zu bekommen – oder wenn sich Ihre Selbstständigkeit genau so entwickelt, wie Sie es sich vorstellen: Auf welche Weise würde es Ihr Leben verändern? Was würden Sie dadurch alles gewinnen? Es geht hier nicht darum, sich alles in rosarot vorzustellen, sondern darum, was Sie wahrscheinlich erreichen können, wenn es gut läuft. Notieren Sie diese *Chancen*.

Erst anschließend überlegen Sie bitte, wie hoch Sie die *Wahrscheinlichkeit* einschätzen, dass Sie Erfolg haben. Ist es unwahrscheinlich, zu 50 Prozent möglich oder gar recht wahrscheinlich? Es ist wichtig, dass Sie für jedes Projekt zu einer ungefähren Einschätzung kommen. Denn was helfen Ihnen die schönsten Ideen, wenn Sie bei der Umsetzung feststellen, dass Sie damit unmöglich einen Job bekommen oder Ihr selbstständiges Projekt überhaupt nicht umsetzbar ist!

Sollten Sie die Umsetzungschancen eines Projekts gar nicht einschätzen können, wäre es natürlich ein Risiko, sich darauf einzulassen. Wenn es auf der anderen Seite im Erfolgsfall Ihr Leben sehr bereichern würde, wenn es vielleicht immer Ihr großer Traum war, wollen Sie es vielleicht trotzdem verwirklichen. So wagt der eine vielleicht eine Karriere als Musiker und der andere eröffnet ein Café – weil es in ihren Augen eine Sünde wäre, es nicht zumindest probiert zu haben. Ich würde niemals versuchen, einen Menschen davon abzubringen, seinen Traum zu leben! Ich würde ihm nur ans Herz legen, besonders viel Augenmerk auf einen Plan B zu verwenden – für den Fall, dass es nicht klappt mit dem Traumprojekt.

Wenn Sie jetzt feststellen, dass es bei einem Projekt für Sie und Ihr Lebensglück nur wenig zu gewinnen gibt und es gleichzeitig nur geringe oder sehr unklare Umsetzungschancen hat, sollten Sie es jetzt vielleicht streichen und vergessen.

Vermerken Sie bitte Ihre Einschätzungen auf den Projektblättern.

Die langfristige Perspektive

Ein wichtiger Aspekt für Ihre Entscheidung ist, wie sich Ihre Jobprojekte langfristig entwickeln können. Stellen Sie sich vor, Sie haben zwei Projekte, die Sie relativ attraktiv finden. Eines davon hat seinen Höhepunkt mit der Umsetzung erreicht und könnte mit den Jahren eher langweilig werden. Das andere hat das Potenzial, daraus ganz neue Möglichkeiten zu entwickeln oder Karriereschritte zu gehen, die Ihnen im Moment noch verbaut sind. Sie würden sich bestimmt für das zweite entscheiden.

Daher möchte ich Sie bitten, Ihre Projekte auf ihre langfristige Perspektive hin zu untersuchen. Fragen Sie sich, wo Sie in fünf, zehn und zwanzig Jahren damit sein können. Welche Möglichkeiten könnte Ihnen das Projekt eröffnen? Wenn das Café ein Erfolg wird, könnte daraus ein Franchising-Konzept werden? Der Einstieg in die Eventabteilung könnte der erste Schritt hin zur

Messeorganisation sein? Und hinter dem neuen Job könnten innerbetriebliche Fortbildungen oder ein Studium warten?

Oder Sie stellen fest, dass ein attraktives Projekt eine Sackgasse sein könnte: Eine Position bietet kaum Aufstiegs- oder Entwicklungschancen? Wenn die neue Herausforderung bewältigt ist, könnte der neue Job wie jeder andere sein? Und irgendwann könnte es öde sein, jeden Tag von morgens bis abends hinter dem Cafétresen zu stehen?

Versuchen Sie herauszuarbeiten, welches Potenzial in Ihren Projekten steckt – wenn Sie mögen, können Sie jeweils ein optimistisches und ein pessimistisches Szenario entwerfen. Fragen Sie sich dann, ob Ihre Ergebnisse eher für oder gegen ein Projekt sprechen.

Vermerken Sie Ihre Erkenntnisse auf den Projektblättern.

Und was sagt Ihre Ich-Bühne?

Bisher haben wir Ihre Projekte vor allem durch die Brille der Vernunft betrachtet. Jetzt sollen natürlich auch Ihre Persönlichkeitsanteile zu Wort kommen, die eher für das Bremsen und die Nicht-Veränderung zuständig sind: Bitte legen Sie die Karten mit den »Darstellern« auf Ihrer Ich-Bühne im Halbkreis vor sich auf den Tisch. Falls Sie lange nicht mehr an sie gedacht haben, lesen Sie vielleicht noch einmal durch, was ich dazu geschrieben habe, und schauen Sie in Ihre Notizen, die Sie sich während der Arbeit mit der Ich-Bühne gemacht haben. Ihnen sollte gegenwärtig sein, wie jeder Anteil tickt, was er will – und wovor er Angst hat und was er unbedingt zu vermeiden sucht.

Auch wenn es Ihnen merkwürdig erscheinen sollte: Ich möchte Sie jetzt bitten, jedes Ihrer Jobprojekte im »Plenum Ihrer Anteile« vorzustellen. Als wollten Sie ein Publikum für etwas gewinnen, das Ihnen besonders am Herzen liegt. Versetzen Sie sich der Reihe nach in jeden Ihrer Anteile, und fragen Sie sich, was dieser zu dem Jobprojekt denkt und fühlt. Einige Anteile finden es bestimmt klasse, dass jetzt endlich etwas Neues beginnt. Andere haben ganz sicher Bedenken und Ängste – und die gilt es jetzt ins Boot zu holen:

Schreiben Sie alles auf, was Ihre kritischen Anteile sagen: »Das geht ganz sicher schief«, »Das kannst Du doch gar nicht«, »Den Job gibt es bestimmt nicht« und so weiter.

Es ist jetzt weder sinnvoll, diese Einwände zu ignorieren, noch einfach darauf zu bestehen, dass es schon irgendwie klappen wird. Dann würde Ihnen bestimmt heftiger innerer Widerstand entgegenschlagen, und mentale Blockaden könnten Sie noch beim Endspurt stoppen! Und das wollen wir nicht. Versuchen Sie lieber, Wege und Kompromisse zu finden, mit denen auch Ihre inneren Bremser leben können:

- Der Angst vor Risiken können wir begegnen, indem wir uns Alternativpläne ausdenken, häufig den Stand der Dinge überprüfen, uns Unterstützung holen und uns schon heute erlauben, das Projekt beenden zu dürfen, wenn es nicht so läuft, wie wir hoffen.
- Die Befürchtung, nicht kompetent genug zu sein, können wir zum Anlass nehmen, sehr genau zu prüfen, welche Kompetenzen wir für ein Projekt brauchen, was wir dafür schon mitbringen und was wir wie lernen können. Ein »Das kann ich schon irgendwie« macht Befürchtungen bestimmt nicht kleiner.
- Unsere pessimistischen Anteile brauchen von uns hauptsächlich sehr detaillierte Pläne, einen guten Plan B und ein klares, farbiges Bild unserer Ziele, das uns deutlich macht, was es zu gewinnen gibt.
- Die Angst vor Bewerbung und Selbstpräsentation könnten wir mit dem Versprechen besänftigen, dass wir uns sehr sorgfältig vorbereiten, viel trainieren und uns auch Hilfe auf dem Weg holen werden.

Seien Sie bitte sehr sorgfältig mit Ihren Widerständen! Schreiben Sie auf, was Sie ihnen anbieten können. Ob dies ausreichend ist, werden Sie spüren – Sie werden dann innerlich ruhiger, können sich, während Sie an Ihr Projekt denken, entspannen und fühlen weniger Angst.

Möglicherweise sind Ihre Widerstände aber momentan zu groß. Vielleicht verursacht der Gedanke daran, dass Sie sich tatsächlich einen neuen Job angeln oder ein selbstständiges Projekt ins Leben rufen könnten, heftige Angst oder gar Panik. Dann reicht eine Runde mit Ihrer Ich-Bühne wahrscheinlich nicht aus. Das ist aber trotzdem kein Grund, dieses Projekt schon von Ihrer Liste zu streichen! Auch wenn es leichter klingt, als es ist: Versuchen Sie doch erst einmal zu akzeptieren, dass Ihr innerer Widerstand sehr groß ist und Sie vielleicht die Hosen gewaltig voll haben.

Das ist eben im Moment so – und das kann sich langsam ändern. Schauen Sie sich möglichst oft an, was Ihre Ängste und Widerstände sagen. Suchen Sie immer wieder den »inneren Dialog«. Versuchen Sie auf keinen Fall, mit Gewalt dagegen anzugehen. Sollten Sie sich nicht mit der Zeit immer mehr entspannen können, rate ich Ihnen, sich von einem Coach unterstützen zu lassen. Das ist vor allem wichtig, wenn Sie gegen jedes interessante Projekt einen scheinbar unüberwindlichen inneren Widerstand spüren. Denn sonst bleiben Sie womöglich auf Ihrem toten Job-Pferd sitzen, oder Sie suchen sich ein sehr ähnliches, das auch schon in den letzten Zügen liegt.

Checkpoint

Wenn Sie diese acht Punkte durchgearbeitet haben, dürfen Sie sich gern mindestens einen Tag Pause gönnen. Ein wenig Abstand wird Ihnen bestimmt nicht schaden. Sie haben sich Ihre Jobprojekte sehr genau angeschaut und ihre Licht- und Schattenseiten registriert. Und jetzt stehen Sie tatsächlich vor der Entscheidung.

☐ *Wie geht es Ihnen im Moment?*
Würden Sie sagen, dass Sie im Grunde alles geklärt und bedacht haben, was es zu klären und bedenken gibt? Haben Sie – trotz kalter Füße – das Gefühl, dass Sie jetzt eine Entscheidung treffen können? Prima!

☐ *Oder sind Sie überzeugt, noch nicht weit genug zu sein? Nicht weil Sie Angst spüren, sondern weil Ihnen eine Entscheidung wirklich nicht möglich ist?*
Sollte der Grund dafür sein, dass Sie gerade eine stressige oder schlechte

Zeit haben, schlage ich Ihnen vor, dass Sie die Entscheidung um einen Monat verschieben (lesen Sie dazu auch unten).

Wenn Sie meinen, dass der Stand Ihrer Jobprojekte nicht ausreicht, um jetzt eine Entscheidung zu treffen, sollten Sie hier die Bremse ziehen. Waren Sie beim letzten Checkpoint ehrlich der Meinung, Ihre Jobprojekte gut definiert zu haben?

Wenn nicht, sollten Sie (nach einer Pause) einen Schritt zurückgehen – denn hier geht es offensichtlich nicht weiter.

Sonst vermute ich, dass Sie entweder Ihre Projekte noch nicht ausreichend bewertet haben oder dass Sie gerade blockiert sind und die Faktenlage gar nicht klar erkennen können.

In beiden Fällen rate ich Ihnen, mit anderen Menschen über den Stand der Dinge zu sprechen. Möglicherweise haben sie einen klareren Blick als Sie.

Sie sollten sich in Ruhe überlegen, was Ihrer Entscheidung noch im Weg steht – und welche Möglichkeiten Sie sehen, die Hindernisse aus dem Weg zu räumen. Je weniger es Ihnen gelingt, klare Antworten zu finden, desto wahrscheinlicher ist es, dass es vor allem mentale Hindernisse sind.

Sollten Sie die nicht aus eigener Kraft aus dem Weg räumen können, rate ich Ihnen, wie eben, einen Coach zu Rate zu ziehen.

☐ *Und schließlich: Haben Sie laut Plan noch mehr Zeit bis zum Tag X, als Sie gedacht hatten?*

Dann legen Sie doch Ihre Aufzeichnungen beiseite, und denken Sie an andere, möglichst angenehme Dinge! Lassen Sie so Ihr Hirn eine Weile im Hintergrund arbeiten.

Es ist soweit: Heute entscheiden Sie sich!

Ich habe mich bemüht, Ihnen möglichst viel Unterstützung zu geben und Sie zu ermutigen, den jeweils nächsten Schritt zu gehen – wie bei jedem Klienten, den ich bei seiner beruflichen Neuorientierung begleite. Jetzt stehen Sie an der Schwelle zu Ihrer Entscheidung, und hier kann ich Ihnen nicht mehr helfen; dieses letzte Stück des Weges müssen Sie allein gehen.

Was kann ich Ihnen für Ihre Entscheidung noch mitgeben? Die meisten von Ihnen haben sich wahrscheinlich schon mehr oder weniger entschieden – dann brauchen Sie nur noch das letzte bisschen Mut, dies auch zu auszusprechen. Es ist wie ein »Coming-out« für Ihre berufliche Zukunft.

Wenn Sie sich Ihrer Sache noch nicht so sicher sind, halte ich es für umso wichtiger, sich in Ihrem Entscheidungsprozess von einem Menschen oder Ihrem Coachingteam begleiten zu lassen. Andere können oft leichter erkennen, wofür unser Herz schlägt und zu welcher Alternative wir am stärksten neigen.

Egal, ob Sie Ihre Entscheidung allein oder mit anderen treffen: Ich rate Ihnen, damit zu beginnen, die weniger attraktiven Jobprojekte zu streichen. Am besten, Sie reduzieren Ihre Endauswahl so sehr wie möglich. Nutzen Sie dafür möglichst den ganzen Tag, sodass Sie keinen Zeitdruck spüren. Legen Sie den Zeitpunkt fest, an dem Sie Ihre Entscheidung treffen und aufschreiben werden. Ich empfehle Ihnen, immer wieder zu wechseln zwischen der Konzentration auf Ihre Projekte und Argumente und Phasen der Entspannung. Schauen Sie aus dem Fenster, trinken Sie einen Tee und gehen Sie eine Weile vor die Tür.

Vor allem, wenn der innere Druck zu groß werden sollte und Sie das Gefühl haben, den Wald vor lauter Bäumen nicht mehr zu sehen, brauchen Sie Abstand. Denken Sie an die Stopp-Technik. Fragen Sie sich dann, wie Sie am konstruktivsten mit der Situation umgehen können. Wenn Ihnen zwar ein Jobprojekt am besten gefällt, Sie es aber nicht in den nächsten Monaten umsetzen können, sollten Sie es nicht einfach für undurchführbar erklären. Überlegen Sie lieber, wie Sie die Zeit sinnvoll überbrücken, bis Sie es realisieren können. Gerade für selbstständige Projekte sind »Brot-und-Butter-Jobs« zur Vorbereitung und bis sie erfolgreich laufen ein wichtiges Hilfsmittel!

Seien Sie stolz auf sich!

Wenn Sie es geschafft haben und Ihre Entscheidung gefällt ist, sollten Sie dies unbedingt feiern – Sie haben es sich wirklich verdient! Vielleicht verabreden Sie sich schon vorher mit Freunden für diesen Abend? Verkünden Sie, wohin Ihr Weg jetzt gehen wird – auch wenn es sich bestimmt noch etwas wackelig anfühlt.

Auch wenn es Ihnen trotz aller Mühe heute unmöglich erscheint, eine Entscheidung zu treffen, heißt es noch lange nicht, dass Ihre berufliche Veränderung nicht stattfinden wird. Entscheiden Sie sich dann erhobenen Hauptes und bitte ohne Selbstkritik, Ihre Entscheidung um eine bestimmte Zeit zu vertagen. Auch das ist ein mutiger Schritt! Seien Sie sich dessen stets bewusst – Scham oder Selbstzweifel sind hier fehl am Platz. Wichtig ist dann nur, dass Sie sofort oder am nächsten Tag einen Plan machen, was Sie bis zum nächsten Tag X unternehmen werden.

Der Tag danach

Mit Ihrer Entscheidung beginnt auch schon die nächste Phase Ihrer Neuorientierung. Denn jetzt wollen Sie natürlich den Job, den Sie sich ausgesucht haben, auch in Ihr Leben holen! Lassen Sie sich am Tag danach nicht verunsichern, wenn Sie sich nicht nur glücklich und voller Energie fühlen. Möglicherweise kriegen Sie es erst einmal mit der Angst über Ihre eigene Courage zu tun. »Was habe ich nur gemacht?!« Oder Sie fühlen sich niedergeschlagen und energielos – all das ist ganz normal nach einer so intensiven Zeit. Lassen Sie sich nicht beirren, und machen Sie einfach weiter. Oder Sie entschließen sich für eine Auszeit von ein paar Tagen – sie darf nur nicht so lang ausfallen, dass Sie den Schwung und den Anschluss verlieren!

Räumen Sie doch am Tag danach erst einmal alle Ihre Unterlagen weg, und lassen Sie nur Ihren Entwicklungsplan für Ihr Wahlprojekt hängen. Darin haben Sie ja bereits viele Gedanken notiert, wie es jetzt weitergehen soll. Der Weg steht also schon fest, und das dürfte recht beruhigend sein.

Auf den folgenden Seiten finden Sie nun noch einige Tipps für die Umsetzung Ihres Jobprojekts.

Achtung Stolperstein!
Wenn wir uns am Tag danach eher verkatert fühlen, besteht die Gefahr, dass sich eine Stimme in uns meldet, die eine ganz einfache »Lösung« vorschlägt: »Vielleicht war die Entscheidung gar nicht richtig? Aber das muss ja nicht das letzte Wort gewesen sein. Wir schauen einfach mal, wie es weitergeht ...«

Stopp! Dieser entspannt klingende Vorschlag ist absolut keine gute Idee und ganz bestimmt nicht Ausdruck innerer Freiheit, sondern eher sehr kalter Füße! Der Glaubenssatz »Wer A sagt, muss auch B sagen« ist in meinen Augen Unsinn. Wenn A aber das Ergebnis eines langen und klugen Prozesses war, sollte man erst einmal versuchen, daraus etwas zu machen, bevor man es leichtfertig über den Haufen wirft. Also werfen Sie lieber einen Blick auf Ihre Ich-Bühne, wenn sich Zweifel an Ihrer Entscheidung melden.

Viele Wege führen zum neuen Job

Rolf hätte es wahrscheinlich mit seinen Ambitionen etwas einfacher gehabt, wäre er nicht für die Ernährung einer Frau und zweier Kinder im Vorschulalter zuständig gewesen. So aber hatte er immer wieder großartige Ideen für großartige Projekte – und war stets gefrustet, wenn er feststellte, dass er sie nicht im nächsten Monat umsetzen konnte. Es dauerte eine Weile, bis ich ihn überzeugen konnte, über Alternativen nachzudenken, die zu seiner Lebenssituation tatsächlich passten.

Rolf, 35, Vertriebsangestellter

»Ich denke ja schon seit Jahren über eine Arbeit nach, die mir richtig gefällt. Was Langeweile und Unterforderung heißt, habe ich zur Genüge kennen gelernt. Jetzt will ich endlich etwas tun, für das ich brenne! Nie wieder ein Job von der Stange. Man liest doch ständig von Leuten, die alles hingeschmissen haben, um eine Tauchschule auf den Malediven zu eröffnen, in New York eine Schauspielausbildung zu machen oder auf dem eigenen Biohof zu arbeiten. So etwas will ich machen, und nicht mehr in klein-klein...«

Ich finde, dass mit den Begriffen »Traumjob« und »Berufung« oft ziemlich leichtfertig umgegangen wird. Obwohl die Mehrheit der Menschen mit ihren Jobs unzufrieden sind, scheinen viele zu denken, dass der Traumjob die Regel und der eigene Jobfrust die dumme Ausnahme ist. Kein Wunder, wenn Neuorientierung gleichgesetzt wird mit dem Guesthouse auf Koh Samui oder der eigenen Firma mit zehn Angestellten. Nicht, dass ich etwas dagegen habe, wenn Menschen versuchen, einen Traum zu verwirklichen – ich finde, dafür lohnt es sich, auch Risiken einzugehen und mal auf die Nase zu fallen.

Viele Menschen haben dafür aber nicht die *äußere* Freiheit – weil sie familiäre Verantwortung tragen oder ihnen die Voraussetzungen fehlen – oder die *innere* Freiheit – weil sie ängstlich und sehr sicherheitsorientiert sind. Außerdem hat nicht jeder von uns die Persönlichkeit, die für eine Idee wirklich brennen kann. Ich kann gut verstehen, wenn Menschen traurig darüber sind, weil sie sich nicht so begeistern können wie andere. Natürlich kann man nach seiner Begeisterung genauso wie nach seiner Berufung auf die Suche gehen – das finde ich großartig! Nur weiß ich auch, dass nicht jeder dabei auf Gold stößt. Manchmal ist nicht mehr zu kriegen als gutes, solides Silber. Und das ist allemal besser als das Blech, mit dem man sich bisher zufriedengeben musste!

Job-Tuning oder Neustart?

Sie haben sich ja schon mit der Frage beschäftigt, wie groß Ihre berufliche Veränderung überhaupt sein soll und kann – denn nicht für jeden muss es die komplette Kehrtwende sein. Werfen Sie doch bitte einen Blick in Ihre Aufzeichnungen – wie eindeutig ist Ihre Antwort auf diese Frage? Für diejenigen unter Ihnen, die sich noch nicht sicher sind, habe ich hier sieben Formen beruflicher Veränderung zusammmen getragen:

»Ich bleibe, wo ich bin.« Manchmal hätte man nichts lieber als frischen Wind im Job. Aber man muss sich eingestehen, dass die momentane Situation Veränderungen kaum zulässt. Sei es, weil die Rahmenbedingungen uns zu sehr einengen oder unsere Batterien leer sind. Dann ist es klug, sich dies auch ehrlich einzugestehen – wenn auch mit schwerem Herzen. Das heißt natürlich nicht, dass berufliche Veränderungen für immer abgesagt sind, sie werden nur vertagt, am besten auf einen bestimmten Zeitpunkt – sozusagen »auf Wiedervorlage«.

Bis es soweit ist, sollte man überlegen, wie man die aktuelle Situation im Job angenehmer und interessanter gestalten kann. Durch einige neue Aufgaben oder Projekte, Fortbildungen oder eine veränderte Haltung zur Arbeit? Diese Zeit kann auch genutzt werden, um spätere berufliche Veränderungen vorzubereiten.

»Ich verändere meine Work-Life-Balance.« Gerade wenn unser Leben schon länger eine Achterbahnfahrt ist und schon der Gedanke an Veränderung uns momentan überfordert, sollten wir erst einmal an der Schraube unserer Prioritäten drehen. Und das bedeutet, unserer Work-Life-Balance mehr Gewicht auf der Life-Seite zu geben. Nicht mehr der Job spielt immer und automatisch die erste Geige, sondern auch mein Privatleben, meine Beziehungen und nicht zuletzt meine Gesundheit bekommen eine Chance. Wenn berufliche Neuorientierung im Moment nicht geht, heißt die Alternative sonst wahrscheinlich Burn-out – und die ist wohl alles andere als attraktiv.

Viele Menschen versuchen erst einmal, ihren aktuellen Job zumindest zeitweise auf Teilzeitniveau zu senken, um auf dieser Basis bessere Alternativen zu suchen. Und manche stellen fest, dass sie ihre Arbeit gar nicht so schlecht finden, wenn die ihr Leben nicht mehr total dominiert.

»Ich bleibe meinem Job treu – aber bitte woanders.« Ein Ergebnis meines beruflichen Findungsprozesses kann sein, dass die jetzige Tätigkeit immer noch die beste aller Möglichkeiten ist. Unzufrieden macht mich aber das Unternehmen, meine Abteilung oder die Branche. Dann brauche ich einen neuen Platz, an dem mir meine Arbeit wieder Spaß macht. Vielen Menschen erscheint es völlig sinnlos oder gar schädlich, was sie tagtäglich tun. Ihnen reicht es nicht mehr, unnötige Versicherungen oder ungesunde Nahrung an den Menschen zu bringen. Möglicherweise liegt es auch an der betrieblichen Grundstimmung, dem täglichen Mit- oder Gegeneinander, dass sie das Haus morgens schon gar nicht mehr verlassen wollen. Dieselbe Tätigkeit für ein sinnvolles Produkt oder in einem kreativeren Umfeld könnte sie aber wieder zufrieden machen.

»Frischer Wind durch Job-Tuning.« Was mache ich, wenn ich einerseits feststelle, dass mein derzeitiger Job ein Auslaufmodell ist, ich aber entweder keine gute Alternative kenne oder ich mich nicht traue, etwas ganz anderes zu machen? Wenn die bereits erwähnten Lösungen nicht ausreichen? Resignieren oder auf ein Wunder hoffen? Auch mit dieser Situation kann ich konstruktiv umgehen – indem ich alles tue, um das Beste aus meinem »alten Job« zu machen. Ich nenne dies »Job-Tuning«, so wie man die Möglichkeiten eines nicht mehr neuen Autos maximal ausreizen kann.

Die Frage ist: Welche Veränderungen erscheinen mir irgendwie machbar? Andere Kunden, ein anderes Produkt oder eine andere Leistung? Vom Konzern in den Familienbetrieb oder umgekehrt? Eine andere Stadt? Kann ich die Seite wechseln – beispielsweise vom Verkauf zum Einkauf, zu einem Unternehmen, das jetzt mein Kunde ist?

»Jetzt muss es der Totalumstieg sein.« Okay, Job-Tuning oder eine andere Work-Life-Balance reichen nicht mehr aus? Ein anderer Arbeitgeber wäre nur das gleiche in grün? Dann muss es jetzt ein ganz anderer Job sein! Dieses

Modell ist ein echter Neustart. Dafür hat es keinen Sinn, nur in der thematischen Nähe des alten Jobs zu schauen – hier ist der weite Blick auf *alle* Möglichkeiten erforderlich. Deshalb ist das kreative Konzept mit der Betonung auf Selbstmanagement dieses Buches besonders geeignet für Menschen, die den Totalumstieg anstreben.

Große Veränderungen machen aber natürlich auch »kältere Füße« als kleine. Also müssen wir mit stärkeren inneren Widerständen rechnen. Wir brauchen wahrscheinlich mehr Zeit und möglicherweise die Unterstützung von Profis und Institutionen.

»Endlich selbstständig!« Viele Menschen sind gar nicht so unzufrieden mit ihrer Tätigkeit, aber mit den Strukturen im Unternehmen, der Unfreiheit und dem geringen Gestaltungsfreiraum. »Endlich mein eigener Herr sein!« ist wohl die häufigste Motivation, sich selbstständig zu machen. Heute sind die »sicheren Jobs« bekanntlich nicht mehr so sicher – da fällt es vielen leichter, ihr Schicksal in die eigenen Hände zu nehmen. Zu gewinnen gibt es (vor allem auch zeitliche) Flexibilität und Freiheit. Dafür müssen wir allerdings mehr Verantwortung übernehmen.

Die wenigsten Gründer haben eine neue, geniale Geschäftsidee oder die Taschen voller Risikokapital. Warum nicht langsam starten, vielleicht neben einer Teilzeitbeschäftigung? Vielleicht können Sie schon vor dem Start Kunden gewinnen oder aus Ihrer aktuellen Tätigkeit »mitnehmen«? Es führen viele Wege in die Selbstständigkeit.

»Erstmal Auszeit!« Manchmal würden wir nichts lieber tun, als sofort zu neuen Ufern aufzubrechen. Aber wenn wir ehrlich mit uns sind, wissen wir, dass wir momentan keine Chance haben, weil wir viel zu erschöpft sind. Wenn unsere Reserven aufgebraucht sind, würde uns auch »ein wenig Job-Tuning« überfordern – ganz zu schweigen von Bewerbungen. Ist auch eine Teilzeitlösung nicht machbar, bleibt irgendwann nur noch die Auszeit. Die freiwillige Variante heißt Sabbatical, (unbezahlter) Urlaub oder gar Kündigung – die unfreiwillige Burn-out, Krankschreibung und Reha. Ich empfehle die erste, bevor die zweite an Ihre Tür klopft.

Ganz wichtig: Die Auszeit dient nicht in erster Linie dazu, sich Gedanken über die berufliche Zukunft zu machen, sondern der Genesung und dem Wiederaufladen der Batterien! Nimmt man sich mehr als drei Monate, kann es sinnvoll sein, die Zeit aufzuteilen in »Erholung und Speck auf die Seele kriegen« und eine Orientierungsphase.

»Es gibt nichts Gutes, außer man tut es.« (Erich Kästner)

Wir können uns an der Frage festbeißen, ob Job A oder Job B der bessere ist – in der Summe der Argumente mag die Waagschale sich ein bisschen mehr zur einen oder anderen Seite neigen. Viel wichtiger als die »perfekte Entscheidung« ist, dass wir uns überhaupt entscheiden und den Weg dann auch zu Ende gehen. Die dümmste Entscheidung ist die, die wir gar nicht treffen. Manche Menschen verbringen Jahre damit, zwischen zwei Alternativen abzuwägen. Hätten Sie sich gleich für eine entschieden, wären Sie heute auf jeden Fall ein ganzes Stück weiter! Ich bin mir sicher, dass erfolgreiche Menschen nicht unbedingt mit einer perfekten Idee gestartet sind; sondern dass sie sich mit ganzer Kraft für eine gute Idee eingesetzt haben.

Meine Kollegin Svenja Hofert schreibt in ihrem Buch *Das Slow-Grow-Prinzip*: »Wissen Sie, was erfolgreiche von erfolglosen Gründern unterscheidet? Nur eine einzige Sache: Die einen tun's, die anderen nicht.« Ich denke, das gilt für alle Neuorientierer. Lange bevor ich mein erstes Buch geschrieben habe, hatte ich schon viele gute Buchideen – sie hatten nur einen Nachteil: Ich habe mich nie für eine davon entscheiden können. Mein erster Versuch war dann aus heutiger Sicht nicht gerade ein Hit. Aber es war ein Versuch, und darauf konnte und kann ich aufbauen.

Ich würde heute jedem Neuorientierer raten, eher mit einer 70-Prozent-Idee loszulegen, als darauf zu warten, dass eine 99-prozentige vorbei kommt – denn es könnte sein, dass dies nie geschehen wird. Der Job, den Sie in fünf Jahren machen werden, wird sich sowieso von dem unterscheiden, mit dem Sie morgen einsteigen. Und das Angebotsprofil eines Gründers wird ganz sicher mit den Jahren viele Veränderungen erfahren. Es wird also sowieso anders werden.

Natürlich versucht unser innerer Perfektionist uns einzureden, dass wir auf jeden Fall und immer alles richtig machen müssen – und dass es besser ist, gar nicht zu handeln, als die Sache nicht perfekt zu machen. Auf ihn zu hören, bedeutet fast immer, alles so zu lassen, wie es ist. Und genau dies ist auch sein Ziel! Denn Perfektionismus hat herzlich wenig mit einem hohen Qualitätsbewusstsein zu tun, sondern vor allem mit Angst. Unser innerer Perfektionist fürchtet nichts mehr, als von anderen schräg angesehen oder gar ausgelacht zu werden. Deshalb versucht er, jedes Risiko auszuschließen – indem er alles richtig und perfekt oder eben gar nicht macht.

Wenn Ihnen also bei Ihrer Entscheidung Ihr innerer Perfektionist im Nacken sitzt: Lassen Sie sich auf keinen Fall auf sein Spiel ein! Beschäftigen Sie sich lieber mit Ihren Ängsten und der Frage, wie angemessen sie wirklich sind. Und dann: Handeln Sie!

Schöner scheitern, Plan B und der Worst Case

Jemand, der berufliches oder privates Neuland erobern will, sollte sich natürlich auch Gedanken über mögliche Risiken machen. Das bedeutet einmal: Was kann alles schiefgehen? Und mindestens genauso wichtig ist die Frage: Wie werde ich damit umgehen, wenn es tatsächlich schiefgeht? Nicht jeder tut dies gern. Klar, wenn ich mich gerade so richtig ins Zeug lege und meine ganze Energie in mein Veränderungsprojekt stecke, habe ich wenig Lust, mich mit seinen Risiken zu beschäftigen. Und mancher glaubt, ausschließlich positiv denken zu müssen; da hat die Idee keinen Platz, dass es auch ganz anders kommen könnte. Ich kann das sehr gut verstehen. Während wir uns im zweiten und dritten Schritt mit Interessen und spannenden Jobideen befassen, haben Gedanken an Risiken dort auch wirklich nichts zu suchen und gehören auf die Bedenkenliste.

Aber damit haben sie sich natürlich nicht erledigt! Ganz auf den Schwung der Begeisterung zu vertrauen und die Bedenken still und heimlich in der Schublade verschwinden zu lassen, hat zwei gewaltige Nachteile:

- Bedenken und Widerstände, die wir nicht wahrnehmen wollen, sind mächtig! Die Auseinandersetzung mit Risiken reduziert dagegen unsere

Ängste. Indem wir uns bei Tageslicht genau ansehen, was wir eigentlich befürchten, stellen wir fast immer fest, dass wir Risiken instinktiv überschätzen. Und dann können wir unsere Bedenken und Ängste am Prozess teilhaben lassen – dadurch werden unsere Schritte möglicherweise etwas kleiner, aber wir gehen sie ohne allzu viel Angst und Grummeln im Bauch.

- Viele Ängste mögen irrational und überzogen sein – sie sind aber auch wichtige Warnschilder, wenn wir dabei sind, uns zu sehr aus dem Fenster zu lehnen. Menschen, die aufgrund einer Hirnläsion keine Ängste spüren, gehen viel zu hohe Risiken ein und scheitern häufiger. Wir sollten also unsere Bedenken immer auch ernst nehmen.

»Ich konzentriere mich nur auf die Chancen und Sonnenseiten meines Projekts, dann wird es schon klappen!« Das ist in meinen Augen ein falsch verstandenes »positives Denken« – ich finde es eher fahrlässig und hochriskant. Aus diesem Grund empfehle ich Ihnen, egal ob Sie eine Anstellung suchen oder sich selbstständig machen wollen, sich genau zu überlegen, was alles schiefgehen könnte und wie Sie dann damit umgehen könnten.

Was werden Sie tun, wenn sich herausstellt, dass das neue Unternehmen, das neue Team oder die neue Tätigkeit völlig anders tickt als erwartet? Was, wenn Sie trotz aller Anstrengungen die gewünschte Stelle nicht bekommen? Und was, wenn Sie die Gründung doch nicht hinbekommen oder sich die neue Unternehmung als auf Dauer nicht tragfähig erweisen sollte? Das wäre richtig, richtig blöd! Und dann wäre es sehr hilfreich, sich immerhin schon einmal Gedanken über Auswege gemacht zu haben, oder?

Noch einen Schritt weiter geht die Frage nach dem Worst Case: Was wäre das Allerschlimmste, das Ihnen im neuen Job und auf dem Weg dahin passieren könnte? Malen Sie ruhig einmal ein richtig dunkles Schreckensszenario! Das ist einerseits beruhigend, weil Sie dabei wahrscheinlich feststellen, dass es gar nicht so wahrscheinlich ist, wie Ihr Bauchgefühl manchmal meint. Und es wird Sie bestärken, wenn Sie auch für den Worst Case noch einige Optionen haben. Selbst wenn es sehr »schwierige« Lösungen sind wie Hartz IV zu beantragen, Freunde anzupumpen oder eine Weile zu den Eltern zu ziehen – sie machen Ihnen deutlich, dass das Leben trotzdem weiter gehen wird.

Ich habe den Eindruck, dass wir uns in unserem Kulturkreis extrem schwer tun mit dem Scheitern. Wenn man neue Wege geht, kann es schiefgehen. Wäre es risikolos und ein ganz sicherer Gewinn, kann es kein neuer Weg sein. Logisch. Und ein richtig großer Schritt, eine grundlegende Veränderung kann natürlich auch richtig in die Hose gehen! Mit diesem Gedanken müssen wir lernen umzugehen. Man könnte es sich ein bisschen leichter damit machen, wenn ein Scheitern grundsätzlich als ein zeitlich begrenztes Ereignis verstanden wird. Und wenn es danach weitergehen kann und darf. US-Amerikaner haben das mental besser drauf als wir: Wer dort scheitert, darf wieder anfangen und bekommt die nächste Chance. Wer bei uns scheitert, wird tendenziell als »gescheiterte Existenz« betrachtet – und dieses Etikett so schnell nicht wieder los.

Wenn ich spielen will, muss ich auch bereit sein zu verlieren. Aber die Angst, dann für immer das Label »Loser« auf der Stirn zu tragen, macht die Sache nicht gerade reizvoller.

Ernüchtert und enttäuscht?

So mancher ist enttäuscht, wenn die Jobprojekte seiner letzten Auswahl nicht wirklich attraktiv sind. Auf dem Weg hierher gab es vielleicht gute Ideen und interessante Optionen, die aber alle Stück für Stück »rausgefallen« sind. Und manchmal geschieht es, dass am Ende nur ein Projekt übrig bleibt – und das ist leider dem »alten Job« zum Verwechseln ähnlich. Ich kann verstehen, wenn jemand dann meint, dass die ganze Mühe vergeblich war. Aber das sehe ich nicht so negativ.

Geht es Ihnen so? Sind Sie enttäuscht von Ihren Ergebnissen? Bitte werfen Sie jetzt nicht die Flinte ins Korn, und glauben Sie nicht, zu unfähig zu sein oder dass es für Sie gar keine Alternativen gibt. Das ist ganz bestimmt nicht so! Viel klüger ist es, sich ein paar freie Stunden zu nehmen und alle Ihre Aufzeichnungen zusammen mit den Aufgaben in diesem Buch noch einmal durchzugehen. Versuchen Sie dabei, eine möglichst distanzierte Haltung einzunehmen – wie Sie es als externer Coach tun würden.

Achten Sie vor allem darauf, ob Sie aus *heutiger* Sicht weit genug gedacht haben. Haben Sie sich bei der Arbeit wirklich getraut, auch das für Sie Ungewohnte zu denken? Haben Sie Ihren Träumen und Interessen eine echte Chance gegeben?

Und haben Sie im dritten Schritt gute Ideen vielleicht zu schnell verworfen? Waren Sie zu kritisch mit sich? Haben Sie Optionen als unrealistisch deklariert, die aus Ihrem heutigen Blickwinkel vielleicht doch eine Chance verdienen? Entscheiden Sie als Ihr eigener Coach, wie Sie mit Ihren »Untersuchungsergebnissen« am besten umgehen wollen. Wenn Sie feststellen, dass Sie Ihrem Prozess tatsächlich zu wenige Chancen gegeben haben, sollten Sie die Möglichkeit nutzen, es noch einmal zu tun und dabei großzügiger mit sich zu sein.

Oder finden Sie auch heute, dass es an keiner Stelle andere Optionen gab? Kommen Sie zu dem Schluss, dass Sie heute wirklich nur die Möglichkeiten haben, die vor Ihnen liegen? Auch dann ist nicht aller Tage Abend – denn wenn Sie wirklich etwas ganz anderes tun möchten, ist es vielleicht heute noch nicht zu realisieren. Aber in einem Jahr? In drei oder fünf Jahren? Überprüfen Sie doch bitte Ihre Lieblingsideen noch einmal mit dieser langfristigeren Perspektive. Was könnte dann gehen? Ich bin mir sicher: Es kann etwas gehen!

Sie dürfen sich helfen lassen!

Noch ein Wort zum Thema »Hilfestellung«: An mehreren Stellen habe ich Ihnen ja empfohlen, über die Möglichkeit nachzudenken, sich professionelle Unterstützung zu holen. Diese Option möchte ich hier noch einmal unterstreichen. Wenn Sie an einen Punkt kommen, an dem es auch mit viel Zeit und Mühe nicht mehr weitergeht, brauchen Sie wahrscheinlich Hilfe. Auch wenn Sie enttäuscht sind, es nicht ganz »aus eigener Kraft« geschafft zu haben: Das ist wirklich kein Grund, sich selbst zu kritisieren oder das ganze Projekt Neuorientierung abzublasen! Sie sind so weit gekommen – es wäre schade, den letzten Schritt doch nicht zu tun.

Alles, was Sie in diesem Buch lesen, alle Werkzeuge und Methoden, habe ich in vielen Jahren der Arbeit mit Klienten entwickelt und zusammengestellt. Sie sind also das Resultat meiner Hilfestellung für andere. Meine Motivation für dieses Buch ist der anspruchsvolle Versuch, meine Ansätze so zu vermitteln, dass Sie allein damit arbeiten können. Aber ich bin mir absolut im Klaren darüber, dass dies eine echte Herausforderung für meine Leser ist! Und ich weiß auch, dass vielleicht nicht jeder von Ihnen damit allein zum neuen Job findet. Nein, damit würde ich Sie und mich überfordern. Ich finde es auch gar nicht so wichtig, ob Sie »nur« mithilfe dieses Buches Ihre Neuorientierung schaffen oder zusätzliche Unterstützung brauchen. Die Hauptsache ist doch, *dass* Sie es schaffen, oder?

Für viele Fragen reicht die Begleitung durch Freunde, einen Mentor oder durch ein Coachingteam – persönlich oder online – völlig aus. Wenn Sie sich aber blockiert fühlen und den Eindruck haben, nichts daran ändern zu können, und vor allem, wenn es um Ihre finale Entscheidung geht, empfehle ich Ihnen die Unterstützung durch einen psychologisch geschulten Coach. Gemeinsam können Sie womöglich in kurzer Zeit »das Schiff wieder flottmachen«.

Outro

Was ich Ihnen mit auf den Weg geben möchte

Jetzt geht es also wirklich los. Sie haben die Weichen gestellt und die Richtung festgelegt. Irgendwo da draußen ist eine Leerstelle in der Arbeitswelt, die Sie demnächst (oder etwas später) ausfüllen werden. Vielleicht ist sie auch noch gar nicht da, weil Sie sie erst schaffen werden. Wenn Sie in dreißig Jahren auf diese Zeit zurückschauen, werden Sie wahrscheinlich sagen, dass es eine aufregende und lebendige Zeit war – weil Sie sich getraut haben, das Steuer selbst in die Hand zu nehmen und die Richtung zu bestimmen, in die Ihr Leben sich entwickeln soll.

Das bedeutet fast immer auch, dass diese Phase nicht gerade ein Spaziergang und mit Unsicherheit, Ängsten und Stimmungsschwankungen verbunden ist. Aber das braucht Ihnen wahrscheinlich niemand zu erzählen. Bevor ich mich von Ihnen verabschiede und Ihnen Glück und Erfolg wünsche, möchte ich Ihnen noch etwas mit auf Ihren Weg geben. Zwar kann ich Ihnen hier keinen Leitfaden für Bewerbung oder Gründung anbieten, das würde weitere Bücher füllen. Ich habe aber noch den einen oder anderen Tipp aus meiner Praxis für Sie.

Sie haben es geschafft, sich selbst durch den komplexen Prozess Ihrer Neuorientierung zu coachen. Dabei haben Ihnen wahrscheinlich die Werkzeuge zum Selbstcoaching geholfen. Was Sie hier über Selbstmanagement, Planung und Ideenentwicklung gelernt haben, sollten Sie nicht vergessen, wenn Sie dieses Buch zuklappen! Es wird Ihnen ganz bestimmt auch dabei helfen, den neuen Job zu bekommen, sich dann im Job selbst zu steuern und zu organisieren oder Ihre Selbstständigkeit auf Dauer zu managen.

Für den Weg dahin empfehle ich Ihnen sehr Vertrautes:

- Am besten, Sie sammeln erst einmal alles, was jetzt vor Ihnen liegt, und erstellen dann einen groben Zeitplan.
- Verordnen Sie sich regelmäßige Checkpoints – so werden Sie Ziele im Auge behalten und Kursabweichungen und Blockaden schnell registrieren. Später werden sie Ihnen helfen, wenn eines Tages Überlastung oder gar Burn-out drohen sollten. Regelmäßige Checkpoints sind die Basis für ein gutes Zeit- und Selbstmanagement!
- Die Werkzeuge der Blockadelösung, vor allem die Ich-Bühne, werden Ihnen gute Dienste leisten, wenn beruflich oder privat Blockaden oder inneres Kuddelmuddel drohen.
- Arbeiten Sie weiterhin schriftlich – und nutzen Sie ein Projekttagebuch, wenn es Ihnen bisher hilfreich war. Immer, wenn es darum geht, zu brainstormen und auf neue Ideen und Lösungen zu kommen, ist natürlich eine Mindmap das Werkzeug der Wahl!
- Wenn Sie gute Erfahrungen mit Ihrem Coachingteam oder einem Mentor gemacht haben, gibt es jetzt keinen Grund, auf deren Unterstützung zu verzichten. Unter Existenzgründern wird der regelmäßige Austausch sehr geschätzt. Aber auch bei der Jobsuche, bei der Bewerbung und später bei eventuellen Problemen am Arbeitsplatz ist die gegenseitige Unterstützung durch Menschen in ähnlicher Situation eine tolle Sache.
- Bei Ihrer Neuorientierung haben Sie sich, Ihre Wünsche, Träume und Interessen in den Mittelpunkt gestellt. Sie haben Entscheidungen getroffen und waren Regisseur und nicht Komparse. Anstatt den Weg des vermeintlich geringsten Widerstands zu gehen und nur das zu tun und zu denken, was andere, der Arbeitsmarkt oder potenzielle Arbeitgeber angeblich von Ihnen wollen, sind Sie Ihren Weg gegangen. Bleiben Sie dabei! Bleiben Sie Handelnder, Entscheider und Gestalter.

Der Weg zum Arbeitsvertrag

Ich habe es ja schon erwähnt: Anstatt sich zu entscheiden, bekommen manche Menschen kurz vorher so kalte Füße, dass sie sich plötzlich fast wahllos auf alle Stellen bewerben, die nur irgendwie in Frage kommen. Andere tun dies, *nachdem* sie schon eine Entscheidung getroffen haben, von der sie »eigentlich« überzeugt waren. Eben noch Regisseur, machen sie sich ganz klein und schreiben Bewerbungen wie von der Stange.

Bei der Arbeit mit einem Ratgeberbuch, »im stillen Kämmerlein«, erschien es ihnen noch okay, die Regie zu übernehmen. Aber »da draußen«, auf dem Arbeitsmarkt, der ja angeblich kein Ponyhof ist, ist es leider schnell vorbei damit. Dann bestimmen schnell wieder negative Glaubenssätze und Ängste das Denken und Handeln. Wenn es dann nicht gelingt, die Stopp-Taste zu drücken, ist die ganze Arbeit an der beruflichen Neuorientierung womöglich für die Katz.

Bitte tappen Sie nicht in diese Falle!

Eine aktive Strategie

Im ersten Kapitel über die aktive Karrierestrategie habe ich Ihnen gesagt, dass wir heute Karrieremanager, Jobscout, Agent und Lobbyist in eigener Sache sein müssen. Dies gilt besonders für den Weg, der jetzt vor Ihnen liegt. Bitte behalten Sie im Kopf, dass viele Wege zu Ihrem potenziellen Arbeitsplatz führen. Natürlich sollen Sie sich in Stellenbörsen umschauen. Aber dies ist nur *ein* Weg – und nicht unbedingt der, über den die interessantesten Jobs gefunden werden! Wenn Sie dort nicht fündig werden, heißt das nicht automatisch, dass man Sie nicht braucht oder dass es Ihren Job nicht gibt. Sondern nur, dass womöglich verschlungene Pfade dorthin führen – und nicht die Autobahn.

- Nutzen Sie konsequent *alle* Kontakte und Netzwerke, über die Sie verfügen. Glaubenssätze wie »Das macht man nicht« oder »Ich kann doch dort nicht einfach anrufen« kann sich kein Neuorientierer leisten!
- Wenn Sie ein Unternehmen, eine bestimmte Abteilung, Person oder ein Projekt identifiziert haben, die für Sie interessant sein könnten: Nehmen Sie Kontakt auf. Ich meine damit nicht eine Initiativbewerbung! Am besten greifen Sie zum Telefonhörer und sprechen mit einem Menschen an dieser interessanten Stelle. Erzählen Sie, wo Sie gerade stehen und warum Sie das Gespräch suchen. Wenn ich dies Menschen vorschlage, halten die

meisten es erst einmal für ein Ding der Unmöglichkeit. Sie sind sich sicher, dass man sie abweisen würde. Umgekehrt aber, wenn ich dann frage, ob *sie* einem freundlichen und interessierten Mensch helfen würden, der sie anruft und um ein Treffen bittet, würden die meisten dies tun. Erstaunlich, nicht wahr?

Ich weiß, es verlangt einiges von Ihnen, solche Schritte zu tun. Aber hier gibt es wirklich etwas zu gewinnen. Hier kann es nur heißen: Raus aus der Komfortzone – auch wenn es Ihnen unangenehm ist. Vielleicht werden die Menschen, die Sie kontaktieren, Ihnen nicht gleich einen Job anbieten. Aber Sie werden kostbare Informationen bekommen, vielleicht Empfehlungen und weitere Kontakte – und möglicherweise wird tatsächlich daraus eine Zusammenarbeit entstehen.

Jemand, der offensiv den Kontakt zu Menschen und Unternehmen sucht, ist bestimmt viel attraktiver als jemand, der sich nur traut, sich in die Schlange zu stellen, die man ihm zuweist, oder?

Überlegen Sie sich bitte gut, ob Sie bei den reaktiven Strategien von gestern bleiben wollen, weil es zu unbequem wäre, aktiv zu werden.

Auf Augenhöhe

Wenn Menschen ins Bewerbungs- oder Kontaktgespräch mit einem potenziellen Arbeitgeber gehen, haben sie manchmal schon vorher verloren – weil sie ihrem Gegenüber nicht auf Augenhöhe begegnen. Klar, solche Gespräche sind selten eine spaßige Angelegenheit, schließlich will man ja etwas vom anderen, nämlich einen schönen Job oder wertvolle Infos. Viele haben aber eine innere Haltung, die auf einem verdrehten Verständnis der Situation beruht: Auch wenn ich einen attraktiven Job unbedingt haben möchte – ich bin deshalb noch lange kein Bittsteller!

Ich habe ein hochwertiges Produkt im Angebot: nämlich *mich*, meine Persönlichkeit, mein Engagement und meine Kompetenzen. Und mein Gegenüber hat vielleicht ein Problem, weil ihm jemand wie ich fehlt. Und sollte er eine falsche Entscheidung treffen, hat er wahrscheinlich eine Menge Arbeit und Ärger. Wir sind also potenzielle Geschäftspartner, die prüfen, wie kompatibel ihre Interessen sind. Ein Bewerbungsgespräch ist ein gegenseitiges Kennenlernen.

Einige von Ihnen denken jetzt bestimmt: Das ist doch naiv – mein Gegenüber hat schließlich die Wahl aus einem vielleicht riesigen Bewerberpool. Das stimmt; aber diese Wahl haben Sie auch! Ich rate Ihnen ja nicht, überheblich aufzutreten, sondern sich eine Haltung anzueignen, die Ihren Wert widerspiegelt. Jemand, der sich als »ganz kleine Nummer« oder gar Bittsteller versteht, wird kaum andere von sich überzeugen können. Schon so eine innere Haltung reicht völlig aus, um unattraktiv zu wirken, bevor überhaupt nur ein Wort gewechselt wird.

Viele Menschen stecken in einem Teufelskreis ihrer selbsterfüllenden Prophezeiungen: Sie glauben nicht an sich und ihren Wert, transportieren diese Haltung unbewusst schon im Bewerbungsschreiben oder spätestens im Gespräch, bekommen eine Absage – und fühlen sich damit nur in ihrem Glauben bestätigt. Und so mancher ist sich dessen bewusst, macht aber trotzdem unverändert so weiter, weil er hofft, eines Tages würde trotzdem jemand schon »seinen wahren Wert erkennen«.

Überprüfen Sie unbedingt Ihre innere Haltung vor jedem Kontakt, der Sie Ihrem neuen Job näher bringen soll. Wenn Sie feststellen, dass Sie von Ihrem Wert nicht überzeugt sind, sollten Sie unbedingt zuerst an Ihrer Haltung arbeiten. Ein Spiel, das Sie aufgrund Ihrer mentalen Lage nicht gewinnen können, sollten Sie gar nicht erst spielen! Und falls Sie schon länger in dem besagten Teufelskreis stecken, brauchen Sie wahrscheinlich professionelle Unterstützung.

Bitte keine perfekte Bewerbung!

»Sehr geehrte Damen und Herren, hiermit bewerbe ich mich auf die von Ihnen ausgeschriebene Stelle als ... Ich bin flexibel und hochmotiviert ... Ich möchte mit Ihnen die Zukunft gestalten ... und würde mein Engagement gern mit ganzer Kraft für Ihr Unternehmen einsetzen ...«

Würden Sie jemanden einladen, der sich mit solchen Worthülsen bewirbt? Ich nicht. Leider werden mir nicht gerade selten Bewerbungen dieser

Art vorgelegt. Beim ersten Satz weiß ich, dass sich jemand ganz große Mühe gegeben hat, ein perfektes Anschreiben zu formulieren – höchstwahrscheinlich unter Zuhilfenahme von klugen Büchern. Was lernen wir auf diese Weise über ihn? Ist das jemand, der eigene Lösungswege sucht? Selbstständig ist? Kreativ? Ein Mensch mit Standing und Rückgrat? Der sich etwas traut? Eine Persönlichkeit?

Wohl eher nicht. Da hat sich jemand einerseits Mühe gegeben, alles richtig zu machen – aber nicht die Mühe, über sich das zu sagen, was ihm wirklich wichtig ist. Viele glauben, dass ein lückenloser Lebenslauf, gute Noten und die Tatsache, dass man perfekt auf ein Stellenprofil passt, das Nonplusultra sind. Das mag manchmal ausreichen, um eingeladen zu werden – aber oft ist das eben auch nicht der Fall, weil man sich für den Menschen hinter der Bewerbung einfach nicht interessiert. Und ist das ein Wunder?

Neben der Message »Es gibt mich, und ich kann etwas« erzählt eine Bewerbung vor allem eine gute Story: Es geht dabei nicht um Märchenerzählen oder Blenden, sondern darum, sich und seine Motivation zu beschreiben. Warum möchte ich gerade jetzt an dieser Stelle meines Lebens diese Arbeit machen? Wie passt sie zu mir, meinen kurz- und langfristigen Zielen, Werten und meiner Persönlichkeit? Und warum gerade dieses Unternehmen?

Was Sie dazu schreiben und wie Sie es beschreiben, sollte möglichst authentisch sein – oder »selektiv authentisch«, wie die Psychologin Ruth Cohn es nannte: »Nicht alles, was echt ist, will ich sagen, doch was ich sage, soll echt sein.«

Übrigens heißt dies auf keinen Fall, dass Ihr Anschreiben mehrere Seiten umfassen sollte! Lieber kurz, prägnant und auf den Punkt und in einer Sprache, die die Ihre ist. Holen Sie sich gern Rat aus Bewerbungsbüchern. Beachten Sie auch unbedingt die Kultur und Sprache des Unternehmens und der Branche. Aber machen Sie es dann auf Ihre Weise.

Der Weg in die Selbstständigkeit

Beim Thema Selbstständigkeit muss ich zugeben, kein sehr neutraler Berater zu sein. Denn ich bin seit vielen Jahren selbstständig und mit dieser Form der

Existenz sehr zufrieden – ja, ich kann es mir überhaupt nicht mehr vorstellen, als Angestellter zu arbeiten. Klar, ich muss meine Krankenkasse selbst zahlen, verdiene kein Geld, wenn ich Urlaub mache, und um meine Rente muss ich mich auch ganz allein kümmern. Ich weiß nicht, wie viel Geld ich im nächsten Monat oder Jahr verdienen werde – und in den ersten Jahren meiner Selbstständigkeit habe ich mir nicht selten Sorgen gemacht, ob ich es auf Dauer schaffe, von meiner Arbeit zu leben.

Dafür bin ich aber frei, das zu tun, was ich möchte! Es liegt an mir, wie ich mein Angebot gestalte, welche Themen ich bearbeiten und welche Kunden ich gewinnen möchte, wann ich arbeite und wie viel. Ich wollte nie ein Unternehmen aufbauen oder durch meine Arbeit reich werden – meine Motivation für die Selbstständigkeit waren Freiheit und Unabhängigkeit.

Bestimmt habe ich auch Glück gehabt, wofür ich sehr dankbar bin. Und ich weiß auch, dass viele Selbstständige weniger Freiheiten haben, teilweise sehr viel arbeiten und manchmal unter großem Druck ihrer Kunden stehen. Ich kenne aber nur sehr wenige, die diesen Schritt wirklich bereuen und lieber einen Arbeitsvertrag hätten.

Was außerdem viele zur Existenzgründung bewegt: den einen sicheren Job für das ganze Leben gibt es nicht mehr, und es spricht einiges dafür, dass es ihn auch nicht mehr geben wird. Die Frage »selbstständig oder sichere Anstellung« ist kaum noch aktuell. Im Gegenteil: Der Selbstständige hat freiwillig gelernt, mit Unsicherheit und sich schnell verändernden Bedingungen umzugehen – viele Angestellte müssen dies noch lernen.

Für viele ist das selbstständige Lebensmodell das beste aller möglichen; aber nicht jeder wird damit glücklich. Deshalb möchte ich keinem pauschal dazu raten. Bevor Sie diesen Schritt gehen, sollten Sie sehr genau prüfen, was dies für Sie bedeutet und ob Sie die nötigen Voraussetzungen dafür mitbringen. Aber: Man kann klein anfangen und das allermeiste lernen. Eine Existenzgründung ist kein Buch mit sieben Siegeln und nicht den »knallharten Businesstypen« vorbehalten! So viel Unsicherheit und überhöhte Vorstellungen sind weit verbreitet, daher habe ich im Folgenden nun noch einige Tipps.

Lassen Sie sich bloß nicht verrückt machen!

Wenn man Ratgeber für Gründer liest und sammelt, was diverse Institutionen und Berater von einem Existenzgründer verlangen, könnte man wirklich Angst bekommen:

Man muss eine »Unternehmerpersönlichkeit« sein, risikofreudig und mutig, man braucht eine Geschäftsidee, die möglichst einzigartig und ohne Konkurrenz ist, man muss bereit sein, 24 Stunden am Tag zu arbeiten (denn »ein Selbstständiger arbeitet selbst und ständig«), man sollte möglichst BWL studiert haben und muss natürlich die Buchführung beherrschen – und man muss damit rechnen, in den ersten drei Jahren nur rote Zahlen zu schreiben.

Lassen Sie sich von solchen Aussagen bitte nicht verrückt machen!

- Bedenken Sie, dass es *die* Selbstständigkeit gar nicht gibt. Was hat das Start-up-Unternehmen mit zwanzig Mitarbeitern mit dem Menschen zu tun, der sich mit Office-Dienstleistungen selbstständig macht? Oder einem Franchising-Nehmer, der einen Backshop eröffnet?
- Es gibt viele Wege in die Selbstständigkeit. Beliebt ist trotz Kürzungen die Gründung aus der Arbeitslosigkeit mithilfe der Arbeitsagentur. Viele starten ihr Geschäft parallel zu einer Teilzeittätigkeit. Andere starten erst, wenn erste Kunden schon bereit stehen – vielleicht, weil sie sie aus ihrer angestellten Tätigkeit »mitnehmen« können. Man kann eine Geschäftsidee kopieren oder kaufen, einen Franchise-Betrieb eröffnen oder sich im Team selbstständig machen.
- Wenn man sich die Gründer großer Unternehmen anschaut, mögen ihre Persönlichkeitsprofile Ähnlichkeiten aufweisen. Aber wenn Sie sich als Personal Trainer oder Heilpraktiker selbstständig machen wollen, brauchen Sie nicht die Persönlichkeit eines Max Grundig oder Steve Jobs. Ein extrem sicherheitsbedürftiger Mensch oder jemand, der ohne Anleitung nicht arbeiten und sich nicht organisieren kann, sollte diesen Schritt vielleicht nicht gehen. Aber die meisten Menschen können es mit einiger Vorbereitung und externer Unterstützung schaffen.
- Wie viel Sie arbeiten und wie Ihr Alltag aussehen wird, liegt zum großen Teil an Ihnen. Es gibt keine Regeln und Gesetze, wie »man es machen

muss«, um erfolgreich zu sein. Und Selbstausbeutung ist ganz bestimmt nicht Voraussetzung für den Erfolg! Es stimmt nicht, dass jeder Selbstständige überdurchschnittlich viel arbeitet.

- Hören Sie nicht auf Bedenkenträger, die hauptsächlich die Gefahren einer Gründung betonen. Viele davon haben es selber nicht geschafft oder nicht den Mut, diesen Weg zu gehen. Sprechen Sie lieber mit erfolgreichen und zufriedenen Selbstständigen – von denen können Sie viel mehr lernen.
- Ihr wichtigstes Werkzeug ist Ihr gesunder Menschenverstand; der ist oft hilfreicher als Analysen und Businesspläne.

Mythos Facebook & Co.

Wie viele Milliarden soll Ihr Laden denn nach einem Jahr wert sein, wenn Sie endlich an die Börse gehen? Ach, Sie haben keine Geschäftsidee, die das Internet revolutionieren wird? Und das Smartphone wollen Sie auch nicht neu erfinden?

Wenn Sie sich mit Ihrer Geschäftsidee, druckfrischen Visitenkarten und einer schönen Website selbstständig machen, haben Sie vielleicht das Gefühl, ein »ganz kleiner Fisch« zu sein, in einem Teich, der vor allem von den fetten Brocken bewohnt wird. So, als wäre man auf einer Party ohne Einladung, in einer Klamotte aus dem Kaufhaus, während alle anderen Prada und Gucci tragen. Aber das stimmt nicht!

- Die meisten Existenzgründungen sind ganz klein: Menschen, die keine Lust mehr haben, sich vorschreiben zu lassen, was sie zu tun haben. Die wenigsten wollen reich damit werden – Freiheit und Unabhängigkeit, vor allem auch die freie Zeitgestaltung sind wichtige Motive für den Durchschnittsgründer.
- Die allerwenigsten Geschäftsideen sind Unikate! Viele meinen, sie müssten mit ihrem Produkt oder Ihrer Leistung die ersten auf dem Markt sein. Aber das meiste, was neu angeboten wird, gibt es schon. Natürlich sollten Sie alles tun, um das Besondere Ihres Angebots zu beschreiben. Ob Sie unbedingt das achte Schuhgeschäft in der Straße eröffnen sollten, ist si-

cherlich fraglich. Aber Sie sollten sich auch nicht reflexhaft von einer Idee abbringen lassen, weil es dafür schon andere Anbieter gibt. Vor allem in größeren Städten gibt es natürlich jede Menge Konkurrenz. Nur gibt es vielleicht auch Wege, wie Sie sich trotzdem Ihre eigene Nische schaffen können.

- Zusammengefasst heißt das: Zerbrechen Sie sich den Kopf, suchen Sie nach originellen Lösungen und recherchieren Sie – übernehmen Sie aber nicht pauschale (Vor-)Urteile.

Was Sie wirklich brauchen

Eine Existenzgründung ist kein Spaziergang, und sie kann trotz aller Planung und Mühe schiefgehen. In dem Hamburger Stadtteil, wo ich wohne und arbeite, machen ständig neue kleine, nette Cafés und Läden auf – und genauso viele machen wieder zu. Manche Klienten von mir haben ihre Gründung wirklich gut durchdacht und vorbereitet, und trotzdem hat es nicht geklappt. Keiner weiß wirklich, warum. Folgende Tipps möchte ich Ihnen mit auf Ihren Weg geben:

- Auch wenn ich mich wiederhole: Erstellen Sie kurz-, mittel- und langfristige Pläne. Wahrscheinlich wird es hier und da ganz anders kommen; aber Pläne geben Ihnen mentalen Halt, schützen vor Aktionismus und zeigen auf, was noch fehlt und wo Sie sich zuviel vorgenommen haben. Entwerfen Sie auch einen Plan B (falls alles ganz anders kommt) und eine Exitstrategie (falls das Projekt scheitert).
- Nur sehr, sehr selten strömen die Kunden heran, sobald die erste Werbung erscheint und die Website online ist. Fast immer passiert erst einmal: gar nichts! Das ist normal und bedeutet nicht, dass Sie etwas falsch gemacht haben. Planen Sie aber lieber mehr Zeit ein als zu wenig. Oft dauert es Jahre, bis Menschen über Empfehlung zu Ihnen kommen.
- Wenn Sie Ihr Angebot entwerfen, sollten Sie sich den Markt sehr genau anschauen: Ist dort genug Platz für Sie, und wie können Sie sich einen Platz schaffen? Gibt es genug zahlungskräftige und -willige Kunden in Ih-

rem Einzugsgebiet? Und auch, wenn Sie von Ihrem Produkt vollkommen überzeugt sind: Sind ausreichend Menschen wirklich bereit, dafür Geld auszugeben?

- Trauen Sie sich unbedingt, auch unkonventionelle Wege zu gehen! Nur das zu tun, was andere schon erfolgreich tun, ist absolut keine Erfolgsgarantie.
- Suchen Sie sich eine Nische, aber fassen Sie sie nicht zu eng. Spezialisten sind gefragt, es muss allerdings genug potenzielle Kunden für sie geben. Versuchen Sie aber auch nicht, ein Angebot für alles und jeden zu haben. Anfänger machen oft den Fehler, alles anzubieten, was sie können, und möglichst viele Lösungen im Portfolio zu haben. Das senkt die Kompetenzvermutung Ihrer Kunden, denn wer alles kann, kann nichts richtig.
- Keiner verlangt von Ihnen, Ihr Angebot und Ihre Zielgruppe für die Ewigkeit in Stein zu meißeln. Höchstwahrscheinlich wird sich beides in den nächsten Jahren verändern. Wenn Sie als Grafiker für den kleinen Einzelhandel starten, kann es sein, dass Sie bald hauptsächlich für Unternehmen arbeiten, weil von dort die Aufträge kommen. Es ist gut, wenn Sie flexibel bleiben. Das Tolle an der Selbstständigkeit ist ja, dass Sie spielen und ausprobieren dürfen. Trauen Sie sich, auch mal zu experimentieren!
- Nutzen Sie unbedingt jede Unterstützung von Menschen und Institutionen wie Handelskammer, Arbeitsagentur oder Einrichtungen für Existenzgründer – davon gibt es vielleicht mehr, als Sie ahnen. Ganz wichtig: Durchkämmen Sie nicht nur das Internet, sondern suchen Sie den persönlichen Kontakt: Sie bekommen und erfahren viel mehr!
- Ganz allgemein gilt: Sprechen Sie mit möglichst vielen Menschen. Auch wenn es Sie Überwindung kostet, weil es nicht »Ihr Ding ist«. Scheuen Sie sich nicht, auch Personen anzusprechen, die etwas Ähnliches tun wie Sie, womöglich sogar Mitbewerber sind. Es ist keine Katastrophe, wenn jemand Ihnen nicht helfen will. Ich mache immer wieder die Erfahrung: Die meisten Menschen sind hilfsbereit, wenn man freundlich anklopft.
- Und schließlich: Ob Sie für die Selbstständigkeit gemacht sind, werden Ihnen keine Experten und keine Psychotests sicher sagen können. Wenn Sie wissen, was Ihre zukünftige Tätigkeit von Ihnen verlangen wird, sprechen

Sie darüber mit Menschen, die Sie gut kennen. Grundsätzlich brauchen Sie für die Selbstständigkeit die Bereitschaft, mit Unsicherheiten umzugehen, ein gewisses Maß an innerer Unabhängigkeit und ein ganz gutes Selbstmanagement. Lassen Sie sich vor allem Zeit. Anfangs sind die neuen Schuhe immer ein paar Nummern zu groß – aber ganz bestimmt werden Sie mit der Zeit hineinwachsen.

Machen Sie es gut

Liebe Neuorientierten,

in jedem Coaching kommt der Punkt, an dem ich mich von meinem Klienten verabschiede und ihn in die Welt ziehen lasse. Dann frage ich manchmal: »Habe ich ihm genug mitgegeben? Hätte ich nicht noch einen Tipp oder Ratschlag für ihn gehabt?« Das frage ich mich auch jetzt. Aber auch nach vielem Nachdenken und diversen Überarbeitungen: Das ist es, was ich Ihnen sagen, mitgeben und ans Herz legen möchte.

Ich habe Hunderte von Menschen erlebt, die unzufrieden waren und etwas verändern wollten. Und ich habe erlebt, dass fast jeder eine Veränderung zum Guten geschafft hat, der bereit war, sich zu engagieren und auch mal die eigene Komfortzone zu verlassen – in fast jedem Alter und mit sehr unterschiedlichen Voraussetzungen.

Was ich von meinen Klienten gelernt habe, hat die weise Diva Cher bei ihrem Abschiedskonzert auf den Punkt gebracht: Was in ihren Augen das Allerwichtigste im Leben sei? Sie habe sich so oft gefragt: »Soll ich dieses oder jenes tun?« Aber heute sage sie: »Zur Hölle damit. Tu es!«

Bevor Sie lange grübeln und nachdenken: Tun Sie's! Und dann: Butter bei die Fische!

Machen Sie es gut!
Tom Diesbrock

Haben Sie Fragen oder Anregungen, suchen Sie weitere Informationen? Schauen Sie doch einmal auf meiner Website vorbei: *www.jetzt-mal-butter-bei-die-fische.de*